Franz-Peter Walder
Gerold Patzak

Qualitätsmanagement und Projektmanagement

Aus dem Programm Qualitäts- und Zuverlässigkeitsmanagement

herausgegeben von Franz J. Brunner

Wirtschaftlichkeit industrieller Zuverlässigkeitssicherung
von Franz J. Brunner

Zuverlässigkeitsbewertung zukunftsorientierter Technologien
von Arno Meyna

Management von Qualität und Zuverlässigkeit im Einkauf
von Gerhard Kastreuz

Qualitätsmanagement und Projektmanagement
von Franz-Peter Walder und Gerold Patzak

Chefsache Qualitätsmanagement Umweltmanagement
von Johann Jäger, Viktor Seitschek und Friedrich Smida

Versuchsmethoden im Qualitäts-Engineering
von H. Treiber

Handbuch der physikalisch-technischen Kraftmessung
von Horst Quentin

Statistische Tolerierung
von Bernd Klein und Frank Mannewitz

**CAQ im TQM –
Rechnergestütztes Qualitätsmanagement**
von Ekbert Hering und Jürgen Trie

Vieweg

Qualitäts- und Zuverlässigkeitsmanagement
herausgegeben von Franz J. Brunner

Franz-Peter Walder
Gerold Patzak

Qualitätsmanagement und Projektmanagement

Qualitäts- und Zuverlässigkeitsmanagement

Exposés oder Manuskripte zu dieser Reihe werden zur Beratung erbeten unter der Adresse: Verlag Vieweg, Postfach 5829, D-65048 Wiesbaden

Herausgeber der Reihe:
Univ.-Doz. Dipl.-Ing. Dr. techn. Franz J. Brunner, Direktor i.R., Qualitäts- und Zuverlässigkeitstechnik der IVECO-FIAT, Dozent für Qualitäts- und Zuverlässigkeitsmanagement an der TU Wien und FH Ulm, TQM-Assessor E.F.Q.M., Mitglied der DGQ

Softcover reprint of the hardcover 1st edition 1997
Der Verlag Vieweg ist ein Unternehmen der Bertelsmann Fachinformation GmbH.

Umschlaggestaltung: Klaus Birk, Wiesbaden
Technische Redaktion: Hartmut Kühn von Burgsdorff

Gedruckt auf säurefreiem Papier

ISBN 978-3-322-90902-2 ISBN 978-3-322-90901-5 (eBook)
DOI 10.1007/978-3-322-90901-5

Vorwort

Projektmanagement und Qualitätsmanagement haben viele inhaltliche Überschneidungen und Zusammenhänge. Qualitätsmanagement in Projekten wie auch Projektmanagement bei Einführung und Weiterentwicklung von Qualitätsmangement seien als Anhaltspunkte genannt.

In diesem Spannungsfeld wendet sich das vorliegende Buch an Führungskräfte und Projektleiter in Projektorientierten Unternehmen sowie an Studierende technisch und betriebswirtschaftlich orientierter Studienrichtungen mit Schwerpunkten in den Bereichen Qualitätsmanagement oder Projektmanagement.

Der Anspruch dieses Buches besteht darin, Qualitätsmanagement-Aufgaben und -Inhalte in den Schritten der Projektarbeit und der Gestaltung des Projektorientierten Unternehmens umfassend darzustellen und anhand ausgewählter Beispiele nachvollziehbar zu machen.

Die inhaltlichen Grundlagen im vorliegenden Buch bauen auf wissenschaftlicher Arbeit an der Abteilung für Systemtechnik und Methodologie TU-Wien auf. Beispiele und praktische Hinweise in den einzelnen Kapiteln basieren auf unterschiedlichen Beratungsprojekten bei Projektorientierten Unternehmen.

Übereinstimmende Werthaltungen für umfassendes Qualitätsmanagement und modernes Projektmanagement prägen das Buch.

Das Buch ist Teil einer Reihe von Veröffentlichungen, die alle das Gebiet des Qualitätsmanagements abdecken.

Wien, im April 1997

Franz-Peter Walder
Gerold Patzak

Inhaltsverzeichnis

1 Einführung

Der aktuelle, umfassende und der vorliegenden Arbeit zugrundeliegende Projektmanagementansatz kann als vollwertiges Managementmodell gesehen werden.

Projektmanagement stellt nicht bloß einen Mangementansatz für Großprojekte, z.B. Bau und Anlagenbau dar, sondern wird vielfach in situativ angepaßter Form für interne Projekte (Organisationsentwicklung, EDV-Umstellung, Erarbeitung und Einführung eines QM-Systems etc.) angewendet.

Die aktuellen Entwicklungen im Projektmanagement greifen die wesentlichen Erkenntnisse aus der Systemtheorie sowie dem systemisch-evolutionären Management auf. Selbstorganisation in Projektteamform, Phasenkonzepte, Alternativenbildungen und modulare Lösungen zur Reduktion des Risikos stellen hier konkrete Ansatzpunkte dar.
Dadurch bietet modernes Projektmanagement in der vorliegenden Form einen hervorragenden Denkrahmen zur flexiblen, problem- und kundenorientierten Organisationsgestaltung. Projektmanagement bildet die Basis für die Gestaltung des Projektorientierten Unternehmens.

Hier bietet die Verknüpfung mit Anforderungen und Ansätzen aus dem Qualitätsmanagement viele interessante Gesichtspunkte, die auch einen wesentlichen Teil der vorliegenden Arbeit darstellen.

An Führungskräfte, Qualitätsmanager und Projektleiter stellt diese Verknüpfung immer umfassendere Anforderungen.

Die genannten Rollen bilden gleichzeitig die unterschiedlichen Zugänge zum Qualitätsmanagement in Projektorientierten Unternehmen ab:

- **Führungskräfte** gehen in Projektorientierten Unternehmen im Umfeld stark begrenzter Ressourcen und Verfügbarkeit sehr vorsichtig an das Thema Qualitätsmanagement und dem damit verbundenen Zeitaufwand für die Umsetzung (vor allem Projektleiter) heran.

- **Qualitätsmanager** (Qualitätsmanagement-Verantwortliche) haben in Projektorientierten Unternehmen vielfach das Problem der Verfügbarkeit der betroffenen Mitarbeiter.
  Zusätzlich schafft das typische Selbstverständnis von Projektleitern, die oft grundlegende Aktivitäten zum Qualitätsmanagement als unnotwendige Einmischung, Entzug von Kompetenzen oder unnötigen Dokumentationsaufwand abtun, viele Schwierigkeiten für den Qualitätsmanager.

- **Projektleiter (Projektmanager)** schätzen ihren Freiraum und sind meist bereit, überdurchschnittlich viel an Verantwortung zu tragen. Im Umfeld immer knapperer Kalkulationen und Personalressourcen sehen sie alle zusätzlichen „unproduktiven" Tätigkeiten als unnotwendige Belastung an.

Die Besonderheiten Projektorientierter Unternehmen (Unternehmen, die vorwiegend Projekte abwickeln) und die Unterschiede zu traditionell organisierten Unternehmen, bzw. zu Unternehmen der Massenfertigung, schaffen den Bezugsrahmen und die Problemabgrenzung. Das vorliegende Buch bezieht konkrete Erfahrungen mit dem Qualitätsmanagement in mehreren Projektorientierten Unternehmen ein.

Die Projektarbeit wird dabei einem Phasenkonzept folgend strukturiert. Die Konzepte aus dem Qualitätsmanagement werden anhand der jeweiligen Phase der Projektarbeit dargestellt und interpretiert.

Daraus entsteht eine Integration von Qualitäts- und Projektmanagement, folgend dem Prozeß der Projektarbeit, zur Sicherung des optimalen Kundennutzens. Die Umsetzung dieser Integration erfolgt unter Einbezug relevanter Normen und Leitfäden als prozeßorientiertes QM-System. Unternehmensspezifische Lösungen werden in einem Projektmanagement-Leitfaden abgebildet.

Die Einführung von Qualitätsmanagement in Projektorientierten Unternehmen und die dabei auftretenden Schwierigkeiten und getroffenen Lösungsansätze bilden weitere inhaltliche Schwerpunkte.

Die in der Praxis erarbeiteten Lösungsansätze werden zusammengefaßt und soweit verallgemeinert, daß sie an die Erfordernisse unterschiedlicher Projektorientierter Unternehmen ohne Schwierigkeiten angepaßt werden können.

Der Aufbau des Buches folgt dabei dem Systemansatz.

- Ausgangspunkt und Basis ist das System **Projekt**
- Das System Projekt ist zugleich Subsystem des Systems **Projektorientiertes Unternehmen.**
- Im Projektorientierten Unternehmen kann je nach Umfang und Strukturierung das **Projektportfolio** als Systemebene zwischen dem System **Projekt** und dem System **Projektorientiertes Unternehmen** eingezogen werden.

2 Qualitätsmanagement in Projekten

2.1 Qualität, Qualitätsmanagement

Qualitätsmanagement stellt in immer stärkerem Ausmaß produkt-, branchen-, standort-, und größenunabhängig eine zentrale Aufgabe zukunftsorientierter Unternehmen dar.

Der Zugang eines Unternehmens zu Qualität und Qualitätsmanagement kann sich folgendermaßen unterschieden:

- **kundenorientiert** – Qualität und die entsprechenden Merkmale sind an den Kundenanforderungen ausgerichtet – „Der Kunde definiert was Qualität ist".
- **herstellerorientiert** – Qualität und die entsprechenden Merkmale werden durch den Hersteller festgelegt – „Der Hersteller definiert was Qualität ist, der Kunde wird als Rahmenbedingung – „Störgröße" – am Ende der Leistungserstellung gesehen".

Die nachfolgenden Ausführungen bauen auf einem **kundenorientierten Zugang** zum Qualitätsbegriff auf und beziehen die Konzepte der folgend genannten Autoren mit ein.

Juran, Deming:	Quality Control, Statistische Qualitätskontrolle
Juran:	Trilogie – Qualitätsplanung, Qualitätslenkung und Qualitätsverbesserung
Deming:	Deming-Rad, The Way Out of the Crisis
Feigenbaum:	Total Quality Control (TQC)
Ishikawa:	Quality Control, Company Wide Quality Control (CWQC)
Crosby:	Null-Fehler-Programm, Completeness
ISO 9000ff	Seit 1987 Normen nach ISO 9000ff – Zertifizierung von erstellten Qualitätsmanagementsystemen durch akkreditierte Dritte, um die Vergleichbarkeit herzustellen und den Bedarf an Lieferantenqualitätssicherungssystemen einzuschränken.

Qualitätspreise und deren Bezugsrahmen für Total Quality Management (TQM)

z.B. Deming Price in Japan, Malcolm Baldrige National Quality Award European Quality Award (auch für SME – Small and Medium Enterprises)

Die Entwicklung des Qualitätsmanagement kann in folgende grobe Phasen mit Bezugnahme auf die Themen Qualitätsprüfung bzw. -kontrolle, Qualitätssicherung und umfassendes Qualitätsmanagement definiert werden.

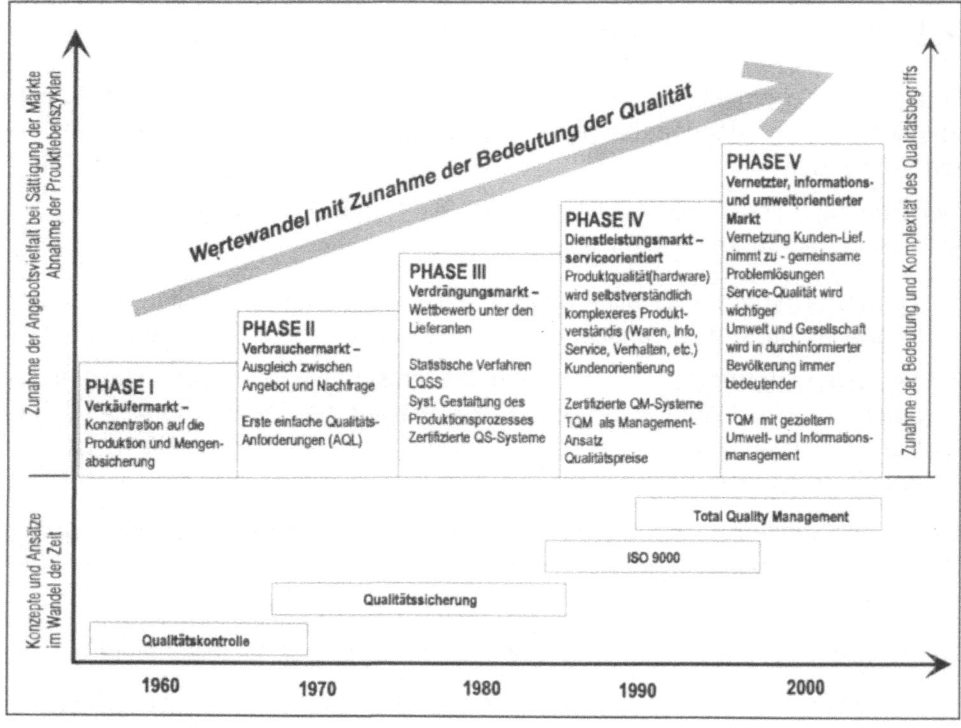

Bild 2-1 Phasen in der Entwicklung von Qualitätsmanagement

Dieser Überblick stellt eine grobe Verallgemeinerung dar. Der dargestellte Zeitbezug ist als Richtwert anzusehen. Branchenspezifische Unterschiede und Ausprägungen sind dabei nicht berücksichtigt.

Phase I – Unterangebot an Waren – Verkäufermarkt:

In dieser Situation muß der Kunde nehmen, was er bekommt. In einer typischen Mangelwirtschaft (Verkäufer- oder Verteilermarkt) wird der Kunde als lästiges Übel am Ende der Produktions- und Verteilungskette gesehen. Das Management ist konzentriert auf die Produktion und Mengenabsicherung bzw. auf Mengensteigerung und nicht auf Qualität.

Phase II – Angebot und Nachfrage ausgeglichen – Verbrauchermarkt:

Nach dem mengenmäßigen Ausgleich zwischen Angebot und Nachfrage verlagert sich Macht hin zum Kunden, der erste, einfache Qualitätsanforderungen durchsetzt.

Vereinbarungen betreffend Acceptable Quality Level – Werten (AQL-Werte) werden getroffen. Sortiermaßnahmen bzw. systematische Maßnahmen zur Qualitätsprüfung und Qualitätssteuerung sind erforderlich. Statistische Qualitätskontrolle setzt sich als Methode durch.

Phase III – Überangebot an Waren – Verdrängungsmarkt:

Steigender Wettbewerb unter den Lieferanten ermöglicht es dem Kunden, fehlerfreie Ware zu verlangen. Der Kunde beginnt nicht nur, die Produktqualität genau zu spezifizieren, zu hinterfragen und mittels statistischer Verfahren (Losprüfungen etc.) abzusichern, sondern interessiert sich je nach Marktposition und wirtschaftlicher Macht auch für das Qualitätssicherungssystem des Lieferanten, um Fehler dort erst gar nicht entstehen zu lassen.

Große Abnehmer (Militär, Automobilindustrie, Hersteller elektronischer Bauteile etc.) führen definierte Lieferantenqualitätssicherungssysteme ein und auditieren die Lieferanten. Das Bewußtsein, daß Qualität nicht in ein Produkt „hineingeprüft" werden kann, setzt sich durch. Qualität muß durch systematische Gestaltung des Produktentstehungsprozesses präventiv gesichert werden.

Weiters gibt es Normen zur Standardisierung von Qualitätsmanagementsystemen (ISO 9000ff), um von unabhängiger Stelle (third party) eine Zertifizierung und Vergleichbarkeit der QM-Systeme zu ermöglichen.

Ein zertifiziertes Qualitätsmanagementsystem stellt einen Wettbewerbsvorteil dar und dient als Basis der Vertrauensbildung zwischen Lieferanten und Kunden. Das Zertifikat zum Qualitätsmanagementsystem dient auch als Marketinginstrument.

Phase IV – Änderung und Erweiterung des Produktverständnisses:

Die Qualität der Ware, die reine Produktqualität, wird von Kunden als selbstverständlich vorausgesetzt. Mehrere Hersteller sind hier in der Lage, zu vergleichbaren Preisen vergleichbare Qualität zu liefern.

Zusätzliche Leistungen des Lieferanten im Bereich der Kundenbetreuung, verbessertes Service sowie weitere immaterielle Leistungen (Dienstleistungen) und Imageunterschiede (auch bezogen auf Umweltverantwortung des jeweiligen Unternehmens) stellen ein Unterscheidungs- und damit ein Entscheidungskriterium für den Kunden dar.

Die Definition einfacher, klar meßbarer, objektivierbarer Qualitätskriterien wird immer schwieriger und erfordert daher auch ein erweitertes Verständnis in der Beurteilung der erbrachten Leistungen.

Die **Zufriedenheit des Kunden** wird als Maßstab für die Qualität der Leistung immer wichtiger.

Die **wichtigste Ressource** im Unternehmen sind die **Mitarbeiter**.

Die Gestaltung der Unternehmenskultur in Auseinandersetzung mit den Schwerpunkten Unternehmensziel und -strategie, Führungsstil und Organisationsmodell, tritt als zentrale Aufgabe des Managements auf.

Diese Inhalte entsprechen dem Unternehmensmodell **Total Quality Management.**

Phase V – Vernetzung von Lieferanten/Kunden, Servicequalität, Umwelt

Die reine Erfüllung der spezifizierten, vom Kunden geforderten Qualität genügt nicht. Das Übertreffen dieser Qualität bzw. das gemeinsame Entwickeln von Qualitätsanforderungen mit Kunden und Lieferanten, sowie **eine verstärkte Vernetzung zwischen unterschiedlichen Unternehmen** in einem ganzheitlich betrachteten Produktentstehungsprozeß mit dem Ziel der Optimierung des Gesamtergebnisses, stehen im Vordergrund.

Die zunehmende Internationalisierung ist wesentlich für die Verbreitung dieser Qualitätskonzepte. Wichtig ist vor allem eine hervorragende Servicequalität: In der Dienstleistungsgesellschaft wird Service nicht mehr als Zusatz gesehen; Service liefert als Teil des Gesamtproduktes einen großen Teil der Wertschöpfung. Servicequalität ist entsprechend zu managen.

Umfassendes Qualitätsmanagement wird integriert mit dem Umweltmanagement gestaltet.

Voraussetzungen bilden entsprechende Normen (ISO 14000) und Verordnungen (EMAS-Verordnung).

2.1.1 Qualität in Projekten

Für den Begriff Qualität sind entsprechend der vorhin aufgezeigten Entwicklung unterschiedliche Definitionen gebräuchlich.

Die Unterschiede sind meist im Umfang der einbezogenen Parameter zu sehen.

Die Norm ISO 8402 beschreibt den Qualitätsbegriff umfassend aus abstrakter, wissenschaftlich-technisch orientierter Sicht, um den Anspruch der allgemeinen Gültigkeit aufrecht zu erhalten. Wesentliche Hinweise zur praktischen Umsetzung sind in den Anmerkungen zusammengefaßt.

Qualität (nach ISO 8402:1995)

Gesamtheit von Merkmalen (und Merkmalswerten) einer Einheit bezüglich ihrer Eignung, festgelegte und vorausgesetzte Erfordernisse zu erfüllen.

Anmerkung 1: In einer vertraglichen Situation, oder in einer gesetzlich festgelegten Situation wie etwa auf dem Gebiet kerntechnischer Sicherheit, sind Erfordernisse spezifiziert, während in anderen Situationen vorausgesetzte Erfordernisse festgestellt und genau festgelegt werden müssen.

Anmerkung 2: In zahlreichen Fällen können sich Erfordernisse im Laufe der Zeit ändern; das bedeutet eine periodische Prüfung der Qualitätsforderung.

Anmerkung 3: Erfordernisse werden gewöhnlich in Merkmale mit vorgegebenen Werten umgesetzt. Erfordernisse können z.B. Gesichtspunkte der Leistung, Brauchbarkeit, Zuverlässigkeit (Verfügbarkeit, Funktionsfähigkeit, Instandhaltbarkeit), Sicherheit, Umwelt (siehe Forderungen der Gesellschaft), der Wirtschaftlichkeit und der Ästhetik mit einbeziehen.

Anmerkung 4: Die Benennung „Qualität" sollte weder als einzelnes Wort gebraucht werden, um einen Vortrefflichkeitsgrad im vergleichenden Sinn auszudrücken, noch sollte sie in einem quantitativen Sinn für technische Bewertungen verwendet werden. Um diese Bedeutungen auszudrücken, sollte ein qualifizierendes Adjektiv benutzt werden. Z. B. können folgende Benennungen verwendet werden.

(a) „Relative Qualität", wo Einheiten auf relativer Grundlage nach dem „Vortrefflichkeitsgrad" oder im vergleichenden Sinn geordnet werden (was nicht verwechselt werden darf mit der Anspruchsklasse).

(b) „Qualitätslage" in einem quantitativen Sinn (wie in der Annahmestichprobenprüfung benutzt) sowie „Qualitätsmeßgröße", wo genaue technische Bewertungen erfolgen.

Anmerkung 5: Die Erzielung einer zufriedenstellenden Qualität bezieht alle Stadien des ganzen Qualitätskreises ein. Zur Betonung sind die Beiträge zur Qualität aus diesen verschiedenen Stadien manchmal getrennt ausgewiesen; z.B. die von der Festlegung der Erfordernisse herrührende Qualität, die vom Produkt-Design herrührende Qualität, die von der Forderungserfüllung herrührende Qualität, die von der Produktpflege überall während seiner Lebensdauer herrührende Qualität.

Anmerkung 6: In einigen Literaturstellen ist Qualität als „fitness for use" oder „fitnes for purpose" oder „customer satisfaction" oder „conformance to requirements" aufgefaßt. Diese Auffassungen beschreiben lediglich einige Facetten von Qualität, wie sie oben definiert ist.

Für Projekte und Projektorientierte Unternehmen ist eine umfassende Sichtweise des Qualitätsbegriffes notwendig, die kurzfristige und langfristige (Zuverlässigkeit) Aspekte sowie eine gemeinsame Betrachtung des Potentials, des Ergebnisses (Produktes) und des Leistungserstellungsprozesses beinhaltet.

Der hohe Dienstleistungsanteil in der Projektarbeit und Projektergebnis manifestiert folgenden Überblick zum umfassenden Qualitätsverständnis in Projekten (vgl. Seite 27, Kapitel 2.4.2 Eigenschaften und Besonderheiten der Dienstleistungskomponente in Projekten).

Das Messen und Bewerten der unterschiedlichen Dimensionen der Qualität ist schwierig, da teilweise keine objektiv-meßbaren Prüf- und Bewertungskriterien ansetzbar sind. Die wesentliche Rolle vor allem bei Potential und Prozeß spielen subjektive Empfindungen und Erlebnisse.

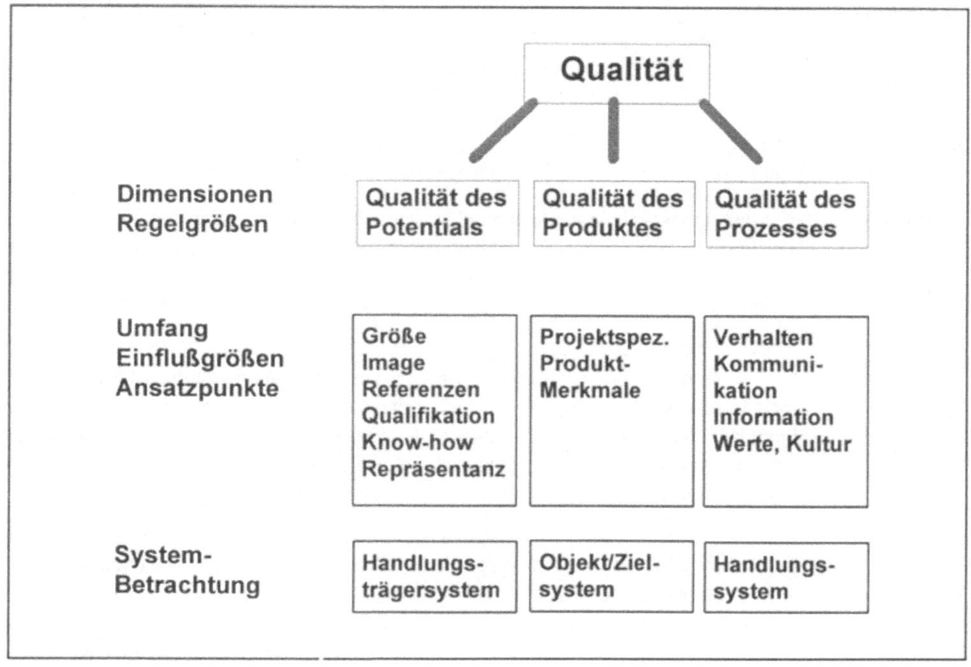

Bild 2-2 Dimensionen und Ansatzpunkte für Qualität in Projekten

Die Systembetrachtung der Abbildung ermöglicht eine gedankliche Verbindung mit dem Systemtechnischen Ansatz.

Handlungsträgersystem – Organisation, Unternehmen, Abteilung, Team

Objekt/Zielsystem – Projektergebnis

Handlungssystem – Aufgaben, Kultur, Werte, Kommunikation

Weiters tritt besonders bei Projekten häufig das Problem auf, daß reines Erfüllen artikulierter Kundenwünsche nicht ausreicht.

Kundenwünsche werden nicht explizit artikuliert und trotzdem deren Erfüllung erwartet. Weiters sind zum Zeitpunkt der Ermittlung der Kundenwünsche (Projektbeginn, Beginn der Erstellung der Dienstleistung) Kunden noch nicht in der Lage, ihre Vorstellungen klar in Worten oder gar in Form von Spezifikationen darzustellen. Potentialqualität schafft hier das notwendige Vertrauen, daß im Rahmen des Projektes entsprechendes Vorgehen (Abklären, Ändern, gemeinsames Weiterentwickeln, etc.) die erwartete Gesamtqualität sichert.

2.1.2 Qualitätsmanagement

Qualitätsmanagement umfassend verstanden baut auf einer Entwicklung von der Qualitätssicherung über die Qualitätskontrolle bis zum Qualitätsmanagement (TQM) auf und orientiert sich in der Regel an den klassischen Managementfunktionen.

Die zentralen Management-Prozesse im Qualitätsmanagement (Juran)

Juran stellt ein prozeßorientiertes Modell in den Mittelpunkt von Qualitätsmanagement. Qualitätsmanagement beinhaltet drei Managementprozeßgruppen.

- Qualitätsplanung
- Qualitätsregelung
- Qualitätsverbesserung

Tabelle 2.1 Qualitätsmanagementprozesse nach Juran

Qualitätsmanagement		
Qualitätsplanung	Qualitätsregelung	Qualitätsverbesserung
• Festlegung von Qualitätszielen • Identifizierung der Kunden • Bestimmung der Kundenbedürfnisse • Entwicklung von Produkteigenschaften zur Erfüllung der Kundenbedürfnisse • Entwicklung von Prozessen zur Produktion der Produkteigenschaften • Entwicklung von Verfahren zur Prozeßregelung: Übergabe der Pläne an die Fertigung	• Beurteilung des aktuellen Qualitätsstands • Vergleich der aktuellen Leistung mit den Qualitätszielen • Durchführung der erforderlichen Maßnahmen bei Abweichungen	• Überprüfung der Notwendigkeit • Einrichtung der Infrastruktur • Ermittlung der Verbesserungsprojekte • Zusammenstellung von Projektteams • Versorgung der Teams mit Ressourcen, Ausbildung und Motivation zur Ermittlung der Ursachen und zur Anregung von Korrekturmaßnahmen • Einführung von Kontrollen zur Wahrung des verbesserten Qualitätsstandards

Für die Umsetzung der Prozesse werden vielfältige Methoden und Hilfsmittel verwendet (Ablaufdiagramme, Matrix-Planung, Quality Function Deployment, etc.).

Die 14 Führungspflichten nach Deming:

Qualitätsmanagement basiert auf den Aufgaben und Pflichten der Unternehmensführung. Darauf beziehen sich folgende 14 Führungspflichten:

1. Schaffe stabile Ziele zur ständigen Verbesserung der Produkte und Dienstleistungen. Dies gilt für aktuelle Probleme und ganz besonders für zukünftige Probleme. Innovation, ständige Verbesserung sowie Aufwendungen für Forschung und Weiterbildung sind hierfür notwendige Voraussetzungen.
2. Nimm die neue Philosophie an: Wir leben in einer Zeit des Wettbewerbs.
3. Beende die Abhängigkeit von der 100%-Kontrolle (Vollkontrolle), um Qualität zu erreichen. Baue Qualität gleich in die Produkte ein.
4. Beende die Praxis, Geschäfte auf der Basis niedriger Preise zu führen. Minimiere statt dessen die Gesamtkosten. Bewege Dich in Richtung auf nur einen Zulieferanten für jedes Teil mit einer langfristigen Beziehung, aufbauend auf Loyalität und Vertrauen.
5. Sorge für eine ständige Verbesserung in allen Produktions- und Dienstleistungsbereichen, um Qualität und Produktivität zu steigern und Kosten zu senken.
6. Sorge für Ausbildung und Training. Manager müssen ihr Unternehmen vom Wareneingang bis zum Kunden genauestens kennen, um Probleme erkennen und bearbeiten zu können, die die Motivation der Mitarbeiter einschränken. Auch neue Mitarbeiter müssen angelernt werden, um ihre Arbeit richtig machen zu können.
7. Sorge für richtiges Führungsverhalten. Die Aufgabe des Managements ist nicht zu überwachen, sondern zu führen und zu helfen, daß jeder seinen Job besser tun kann.
8. Beseitige die Angst. Niemand kann seine Höchstleistung bringen, wenn er sich nicht sicher fühlt.
9. Reiße die Barrieren zwischen Bereichen (Abteilungen) nieder. Die Leute in Entwicklung, Konstruktion, Einkauf, Verkauf und Produktion sollen nicht für sich alleine, sondern als Team arbeiten.
10. Beseitige Slogans, Aufrufe, Poster und Leistungsvorgaben zu besserer Arbeit und höherer Produktivität. Sie helfen niemandem, solange nicht die Problemursachen im System beseitigt sind.
11. Beseitige zahlenmäßige Leistungsvorgaben für das Management (Management by Objectives) und für die Mitarbeiter. Die gesteckten Ziele sind willkürlich. Den durchschnittlichen Mitarbeiter gibt es nicht.
12. Beseitige die Barrieren, die verhindern, daß Mitarbeiter stolz auf ihre Arbeit sein können.
13. Ermuntere jeden zur Weiterbildung und zur Weiterentwicklung. Eine Organisation benötigt nicht nur gute Leute, sondern auch Leute, die durch Bildung immer besser werden.
14. Ergreife Maßnahmen, um die ersten 13 Punkte umzusetzen.

Total Quality Control (Feigenbaum)

Feigenbaum definiert Qualitätsmanagement als Total Quality Control (Umfassende Qualitätssteuerung) und gestaltet ein System, in dem alle Funktionen Qualität hervorbringen und alle Mitarbeiter für diese Qualität verantwortlich sind.

Festlegung und Messung der Qualität

Qualität beruht auf der Festlegung durch den Kunden. Der Kunde beurteilt in beweglichen Größen, inwieweit seine Ansprüche befriedigt worden sind, egal ob diese bewußt oder unbewußt, technisch operationalisierbar oder sehr subjektiv geäußert wurden.

Die Aufgabe der Qualitätsmessung besteht darin, den Grad der Annäherung an die so definierte totale Qualität, die sich durch unterschiedliche Größen (Zuverlässigkeit, Sicherheit, Brauchbarkeit, notwendige Wartung und Pflege, Design, etc.) ergibt, zu bestimmen.

Bei der Qualitätsfestlegung wird der Lebenszyklus des Produktes berücksichtigt.

Qualität orientiert sich damit auch an der jeweiligen „Lebensphase" des Produktes (Einführungs-, Wachstums-, Reife- oder Degenerationsphase).

Grundlegende Qualitätsfaktoren: Die neun M's

Feigenbaum definiert neun Faktoren, deren Berücksichtigung ausschlaggebend für die Qualität und damit den Unternehmenserfolg ist. Sie bilden gleichzeitig den Rahmen für das umfassende Qualitätsmanagementsystem.

1. Markets
2. Money
3. Management
4. Men
5. Motivation
6. Materials
7. Machines and Mechanization
8. Modern Information Methods
9. Mounting Product Requirements

Quality Control, Companywide Quality Control (Ishikawa)

Kaoru Ishikawa prägte in Japan über den Zeitraum von 40 Jahren die Diskussion zum Thema Qualität. In seinen Werken reflektierte er die Entwicklung von QC (Quality Control), SPC (Statistical Process Control), TQC (Total Quality Control), CWQC (Companywide Quality Control) und GWQC (Groupwide Quality Control).

Die vielbeachtete japanische TQC-Bewegung Ishikawas wird durch folgende Eigenschaften charakterisiert.

- Unternehmensweit – alle Mitarbeiter sind einbezogen
- Aus- und Weiterbildung haben höchsten Stellenwert
- In Qualitätszirkeln (Teamarbeit) werden viele Vorschläge erarbeitet
- Managementwerkzeuge und statistische Methoden werden konsequent und umfassend eingesetzt
- TQC wird auf nationaler Ebene gefördert, um im internationalen Wettbewerb stark zu sein
- Für die TQC-Bemühungen gibt es Anerkennung:
  Durch Überreichung des Deming-Preises, „Preis des Präsidenten"

Die wesentlichsten Inhalte von TQC (TQM) gehen auf die folgend genannten Punkte zurück:

Vier Aspekte des umfassenden Qualitätsverständnisses

1. **Q** (quality): Qualitätsmerkmale im engeren Sinn.
2. **C** (cost): Kosten von Qualität und vor allem von schlechter Qualität (z.B. Fehlerkosten, etc.)
3. **D** (delivery): Lieferfähigkeit, Lieferfristen, etc.
4. **S** (service): After sales service, Zuverlässigkeit, Instandsetzbarkeit (Ersatzteile, etc.), Sicherheit, etc.

Umgang mit Reklamationen bzw. mit Beanstandungen

Reklamationen und Beanstandungen müssen als Chance für Verbesserungen gesehen werden. Folgende zwei Punkte sind wichtig:

- **Extern (für den Kunden sichtbar):**
  Kundenzufriedenheit steht an oberster Stelle, Geschwindigkeit und Freundlichkeit in der Behandlung von Beanstandungen sind ausschlaggebend
- **Intern (im Unternehmen):**
  Verbesserungsmaßnahmen und Vorsorge, daß aufgetretene Fehler und Ursachen für Reklamationen nicht mehr auftreten können

TQC bedeutet also konsequente Kundenorientierung unter dem Prinzip „market in" statt „product out".

Interne Kundenorientierung – „the next process owner is your customer"

Im Produktionsprozeß wird der nächste Prozeßschritt oder die nächste Abteilung als Kunde angesehen. Damit ist der Kunde nicht bloß ein anonym am Ende der Produktion Stehender.

Ursache-Wirkungs-Diagramm (Ishikawa-Diagramm)

Ishikawa entwickelte das nach ihm benannte Ursache-Wirkungs-Diagramm. Dabei können die vielfältigen Ursachen für eine Wirkung (aufgetretener Fehler) systematisch zerlegt und damit bearbeitet werden.

Eine systematische Betrachtung der Ursachen geht von folgenden Kategorien aus:

- Mensch
- Mitwelt
- Material
- Methode
- Maschine
- Management

Folgend werden einige normgemäße Definitionen, die im weiteren auch verwendet werden, angeführt.

Qualitätsmanagement (nach ISO 8402:1995)

Alle Tätigkeiten des Gesamtmanagements, die im Rahmen des QM-Systems die Qualitätspolitik, die Ziele und Verantwortungen festlegen sowie diese durch Mittel wie Qualitätsplanung, Qualitätslenkung, Qualitätssicherung/QM-Darlegung und Qualitätsverbesserung verwirklichen.

Anmerkung 1: Qualitätsmanagement ist die Verantwortung aller Ausführungsebenen, muß jedoch von der obersten Leitung angeführt werden. Ihre Verwirklichung bezieht alle Mitglieder der Organisation ein.

Anmerkung 2: Beim Qualitätsmanagement werden Wirtschaftlichkeitspunkte beachtet.

Umfassendes Qualitätsmanagement (nach ISO 8402:1995)

Auf die Mitwirkung aller ihrer Mitglieder gestützte Managementmethode einer Organisation, die Qualität in den Mittelpunkt stellt und durch Zufriedenstellung der Kunden auf langfristigen Geschäftserfolg sowie auf Nutzen für die Mitglieder der Organisation und für die Gesellschaft zielt.

Anmerkung 1: Der Ausdruck „alle ihre Mitglieder" bezeichnet jegliches Personal in allen Stellen und allen Hierarchieebenen der Organisationsstruktur

Anmerkung 2: Wesentlich für den Erfolg dieser Methode ist, daß die oberste Leitung überzeugend und nachhaltig führt, und daß alle Mitglieder der Organisation ausgebildet und geschult sind

Anmerkung 3: Der Begriff Qualität bezieht sich beim umfassenden Qualitätsmanagement auf das Erreichen aller geschäftlichen Ziele

Anmerkung 4: Der Begriff „Nutzen für die Gesellschaft" bedeutet Erfüllung der an die Organisation gestellten Forderungen der Gesellschaft

Anmerkung 5: Total Quality Management (TQM) oder Teile davon werden gelegentlich auch „total quality", „CWQC (company wide quality control), „TQC" (total quality control) usw. genannt

Unternehmensweites, umfassendes Qualitätsmanagement stellt heute den zeitgemäßen Rahmen für die Aktivitäten zum Qualitätsmanagement im Unternehmen dar.

Projektorientierte Unternehmen setzten dabei viele Elemente umfassenden Qualitätsmanagements um, ohne dies explizit so zu bezeichnen.

2.2 Total Quality Management (TQM)

TQM ist ein umfassendes, ganzheitliches Managementkonzept, das über QM-Systeme, die nach ISO 9000ff aufgebaut sind, hinausgeht und das gesamte Unternehmensgeschehen erfaßt.

TQM bedeutet also nicht das Managen des Produktionsfaktors Qualität als Teil des Unternehmensmanagements, sondern beinhaltet das **bewußte qualitätsorientierte Ausrichten und Handeln des gesamten Unternehmens quer über alle Hierarchieebenen**. Das Qualitätsverständnis entwickelt sich von der Betrachtung der Produktqualität hin zu einer umfassenden Sicht unter Einbezug der unterschiedlichen Aspekte der Qualität.

- Qualität des **Potentials** des Anbieters – Image, Leistungsvermögen
- Qualität des **Produktes** – Ergebnisqualität (Hardware, Software)
- Qualität des **Erstellungsprozesses –** Prozeßqualität (Verhalten)

Positive Geschäftsergebnisse und die Entwicklung eines entsprechenden Images und Sozialverhaltens sind in die Ziele von TQM miteinbezogen.

2.2.1 Abgrenzung von TQM

Total	ganzheitlich im Denkansatz, umfassend und unternehmensweit
Quality	Qualität, komplex verstanden; das bestimmende Kriterium für den langfristigen Unternehmenserfolg
Management	proaktives Planen, Steuern und Organisieren aller relevanten Größen (Mensch, Maschine, Material, Methode, Mitwelt)

TQM ist zugleich

- eine Einstellung, eine **Philosophie**,
- ein **Prozeß, der die persönliche Verantwortung aller hervorhebt**, die **ständige Verbesserung** anstrebt und damit nie zu Ende ist
- und ein **System** aus organisatorischen, administrativen und technischen Verfahren, Methoden, Techniken und Werkzeugen.

2.2.2 Grundausrichtung von TQM

TQM orientiert sich an den wesentlichen Interessenspartnern des Unternehmens

- Kunden
- Mitarbeiter
- Lieferanten
- Eigentümer/Aktionäre
- Gesellschaft (Umfeld)

Kundenorientierung:

Ausrichtung der Unternehmenstätigkeiten an den Wünschen des Kunden. Das Kunden-Lieferantenprinzip wird auch innerhalb des Unternehmens gelebt.

TQM baut auf einem kundenorientierten Qualitätsverständnis auf.

Mitarbeiterorientierung:

Starke Gewichtung der fach- und abteilungsübergreifenden Teamarbeit, um die Projekte optimal umzusetzen.

Die Mitarbeiter sollten selbständig unternehmerisch denken und handeln (Entrepreneurship) und motiviert und zielorientiert vorgehen.

Qualität wird eigenverantwortlich wahrgenommen und nicht durch eine nachgelagerte Abteilung „hineingeprüft".

Prozeßorientierung:

Entwicklung der Unternehmensorganisation anhand der wesentlichen Produkterstellungsprozesse (Kern- oder Schlüsselprozesse). Unzureichende, mangelhafte Prozeßgestaltung bietet eine der Hauptursachen für das Auftreten von Fehlern und Minderqualität.
Funktionsübergreifende (abteilungsübergreifende) Optimierung aller Prozesse.

Umfeldorientierung:

Alle relevanten Umfeldgruppen (natürliche Umwelt, Gesellschaft, Mitbewerber, etc.) sind in ihrer Vernetzung mit dem Unternehmen zu berücksichtigen.

Neben diesen Grundausrichtungen stellen Innovationsfreudigkeit, ständige Verbesserung (Kaizen) und eine ausgeprägte Zielorientierung wichtige Forderungen im Gedankengebäude von TQM dar.

2.2.2.1 Kundenorientierung

Das besondere Merkmal von TQM ist die Fokussierung der Qualitätsbestrebungen auf den Kunden. Kundenzufriedenheit ist der wesentliche Maßstab für Qualität.

In der Kundenorientierung werden die Beziehung zum Kunden am Markt (externe Kunden) und jene zu den Kunden im Unternehmen (interne Kunden) unterschieden.

Tabelle 2.2 Fragen zur Kundenorientierung

Fragen	Ansatzpunkte
Wer sind meine Kunden	• Identifikation der Kunden • Gruppierung, Kundensegmentierung • Externe Kunden, Interne Kunden
Was benötigen meine Kunden, was wollen meine Kunden von mir	• Erwartungshaltung der Kunden eruieren • Erwartungen gruppenspezifisch definieren • Konkrete Ziele und Meßgrößen erarbeiten • Nutzenverständnis des Kunden erfassen – Erarbeitung des „Kundennutzenpakets" • „In die Köpfe der Kunden hineinkriechen"
Was biete ich meinen Kunden an – wie ist die Umsetzung der Kundenerwartungen in Leistungen	• Produktentwicklung, Produktgestaltung – QFD • Gestaltung der Leistungserbringungsprozesse • Gestaltung der Informationsprozesse • Welche konkreten Qualitätsmerkmale haben meine Leistungen in Bezug auf die definierten Erwartungen
Wo kann ich Kundenerwartungen nicht erfüllen	• Fehlen von Leistungsmerkmalen oder Leistungsausprägungen • Ergänzungsleistungen mit Partnern erarbeiten
Wo übererfülle ich Kundenwünsche	• Ansatz der Wertanalyse
Betrachtung der „Nicht-Kunden" d.h. des Marktes	• Marktanalyse • Konkurrenzanalyse – Benchmarking
Was wollen meine Kunden morgen bzw. was wollen meine Kunden von morgen	• Trendanalyse • Szenarios • Erwartungshaltungen ermitteln • Aktiv Kundenwünsche mitgestalten
Welche Maßnahmen setze ich? Aktivitätenpläne, Projekte, etc. unterteilt nach Fristigkeit und Ausrichtung	• Fristigkeit: kurz-, mittel- oder langfristig • Ausrichtung: strategisch oder operativ

Organisatorische Konsequenzen

Zur Umsetzung der Kundenorientierung in der Organisationsstruktur dienen vor allem kleine Einheiten (Projektteams), die ziel- und problemorientiert flexibel auf Wünsche des Kunden reagieren können. Diese Organisationsstruktur entspricht zugleich auch den Forderungen der Mitarbeiterorientierung.

Das Management derartiger interdisziplinärer Teams beschränkt sich im wesentlichen auf Moderation, Koordination und Coaching. Der Kunde wird idealerweise in problemspezifisch unterschiedlicher Art und Weise in das entsprechende Team eingebunden.

Kundenorientierte Qualität bedeutet, daß die erfaßten und in zukünftigen Marktsituationen erwarteten Kundenbedürfnisse in einem nachvollziehbaren Transformationsprozeß in Produkte oder Dienstleistungen umgesetzt werden.

Die organisatorische Unterstützung und Schematisierung dieses Transformationsprozesses erfolgt, z.B. beginnend in der Entwicklungsphase, durch die Methode des Quality Function Deployment (QFD).

Kundenbeziehungen in der Entwicklung

Kundenorientierung führt zu langfristigen Kundenbeziehungen. Der Kunde entwickelt sich weiter.

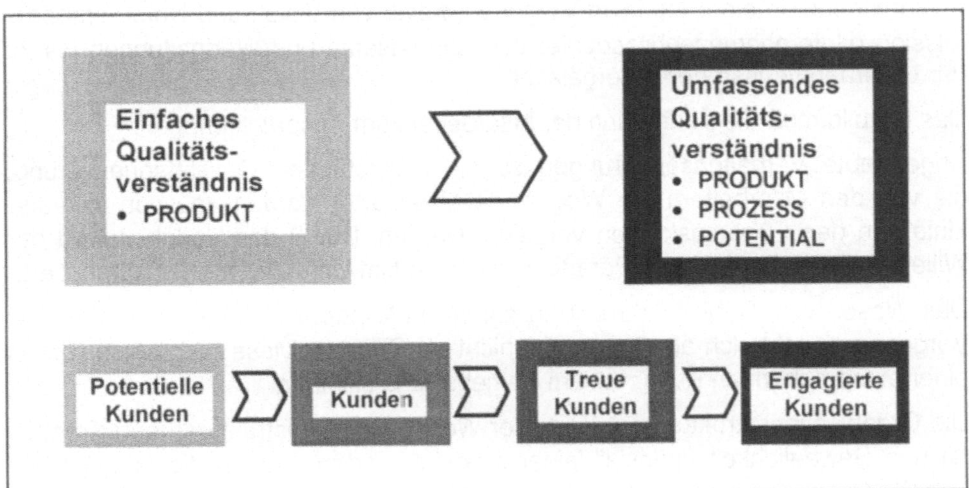

Bild 2-3 Kundenbindung durch Qualität

Kundenorientierung fordert vor allem auch die Langzeitbetrachtung der Qualität, d.h. die Produkt-Zuverlässigkeit. Entsprechende Kundenzufriedenheit kann nur durch Sicherstellung des langfristigen Kundennutzens gewährleistet werden.

Langfristige Kundenorientierung bedeutet unabhängig von Leistung (Produkt, Dienstleistung, etc.), Zielgruppe und Marktsegment das Zurverfügungstellen einer entsprechenden Serviceleistung.

Die Anforderungen an das neue Verständnis im Umgang mit Kunden lassen sich auf folgende Formel reduzieren:

„Selling is out – consulting is in."

„Don't sell – help the customer buy."

Der Kontakt mit dem Kunden bzw. mit dem Markt erfolgt an mehreren Punkten. Diese Kontaktpunkte werden „Augenblicke der Wahrheit" genannt.

Qualität wird vom Kunden subjektiv und unmittelbar in diesen Momenten erlebt bzw. vermißt und als Mangel bzw. Defizit wahrgenommen.

2.2.2.2 Mitarbeiterorientierung

Der Unternehmenserfolg basiert auf der Qualität der Mitarbeiter. Qualifizierte und motivierte Mitarbeiter bilden die Voraussetzung für TQM.

Das Leitbild des Unternehmens als dokumentierter Rahmen der Unternehmenspolitik muß die Bedeutung und Werthaltung, die dem Mitarbeiter zugeteilt wird, zum Ausdruck bringen. Ein derartiges Leitbild wird, dem Denkansatz von TQM entsprechend, in einer topdown-Vorgehensweise von Vision und Unternehmensmission (Unternehmensphilosophie) über Grundsätze und Werthaltungen bis zu der Unternehmensstrategie hergeleitet.

Das Leitbild muß die Bedeutung der Mitarbeiter zum Ausdruck bringen.

Angestrebte Verhaltensänderungen zu einer verstärkten Qualitätsorientierung, die von den Mitarbeitern am Weg zu TQM erwartet werden, müssen in erster Linie von den Führungskräften vorgelebt werden. Durch das Vorleben wird der Wille zur Veränderung, zum Paradigmenwechsel im Unternehmen, dokumentiert.

Das Wesen von TQM drückt sich in einem partizipativen Führungsstil aus. Der Vorgesetzte sieht sich als Coach und nicht als Diktator. Diese Sichtweise wird in einer entsprechenden Kultur und im Betriebsklima sichtbar.

Die Organisationsstruktur baut in idealer Weise auf Teamstrukturen auf. Kreativität und Beweglichkeit finden in einer teamorientierten Organisation mehr Platz und Förderung.

Nur kreative, flexible und motivierte Mitarbeiter, deren Erwartungen berücksichtigt und eingebunden werden, können den ständig steigenden Anforderungen gerecht werden.

Erwartungen der Mitarbeiter an die Führung

Die wichtigsten Erwartungen der Mitarbeiter an die Führung sind:

- Antrieb und Spannung durch interessante Aufgaben (Projekte) und Arbeitsprozesse
- Kompetenzgewinne und Mitwirkungsrechte (z.B. durch klare Projektverantwortung)
- Zuwendung und Interesse
- Entfaltungschancen, Kreativitätsimpulse
- Erlebnisqualität der Arbeit an sich
- Möglichkeit zur Arbeit in Teams
- Unternehmerische Anreize, Zeitsouveränität

Aufgaben der Führungskräfte

Die Aufgaben der Führungskräfte werden geprägt durch die Erwartungen der Mitarbeiter und entwickeln sich verstärkt hin zu den Erhaltungsfunktionen des Mitarbeiterpools und zu Coaching-Aufgaben.

- Berücksichtigung der Mitarbeitererwartungen
- Steigerung der fachlichen Qualifikation der Mitarbeiter
- Steigerung der sozialen Qualifikation (Kommunikation, Verhalten, etc.) der Mitarbeiter, Schaffung und Aufrechterhaltung von Teamgeist
- Steigerung des Methodenwissens – Umgang mit Planungs- und Managementwerkzeugen
- Steuerung des Know-how-Transfers zwischen den Mitarbeitern (z.B. durch wechselnde Teamzusammensetzungen)
- Steuerung der Personalkapazitäten entsprechend dem Personalbedarf
- Unterstützung von Mitarbeitern in schwierigen Situationen, Coaching
- Zulassung von begrenzter Widersprüchlichkeit. Intern muß eine Organisation die zu bewältigende externe Komplexität abbilden. Dies erfordert Variationsbreite, oft bis zum Gegensatz

2.2.2.3 Prozeßorientierung

Der allgemein herrschende Qualitäts-, Zeit- und Kostenwettbewerb führt dazu, daß Unternehmen in immer stärkerem Ausmaß einzelne Wertschöpfungsphasen miteinander verknüpfen und in Prozessen abbilden.

An die Stelle möglicherweise gegenläufiger Suboptima einzelner Abteilungen tritt ein Gesamtoptimum, die produktspezifische Wertschöpfungskette, die als Gesamtprozeß gestaltet wird.

Die Fähigkeit von Unternehmen, unabhängig von Unternehmenszweck, Größe und Produkten, diese Prozesse qualitativ hochwertig planen, betreiben und adaptieren (verbessern) zu können, stellt einen wesentlichen Wettbewerbsvorteil dar.

Prozeßorientierung ist damit eine wichtige Grundphilosophie für TQM.

Das Denken und Arbeiten in Prozessen basiert im Grunde auf dem Systemkonzept. Konventionelle Abteilungsstrukturen werden aufgelöst und die abteilungsorientierte Kostenoptimierung (hierarchieorientiert) zugunsten einer zielorientierten Prozeßoptimierung (teamorientiert) in den Hintergrund gerückt.

Prozeßkategorien

Für die Kategorisierung von Prozessen gibt es mehrere unterschiedliche Zugänge. In der konkreten Umsetzung unterscheidet man grob strukturiert:

Managementprozesse (inkl. der Ressourcenprozesse)
Sie betreffen das Management und dessen Aufgaben

Hauptprozesse (Schlüssel- oder Kernprozesse)
Sie erbringen direkt die an den Kunden verkaufte Leistung als Output

Hilfsprozesse (Supportprozesse)
Sie unterstützen die Hauptprozesse bzw. erhalten die Lebensfähigkeit der Organisation

Prozeßtransparenz ist zur Erfüllung der genannten Forderungen wichtig. Diese Transparenz kann nur über Dokumentation, Standardisierung, Schulung und darauf aufbauende permanente Verbesserung erreicht werden.

Planung und Gestaltung von Prozessen

Folgende Schritte sind für die Schaffung von Prozessen notwendig:

- Ermittlung der Anforderungen an das Prozeßergebnis
- Erstellung der Prozeßspezifikationen mit Stufenzielen
- Ernennung eines verantwortlichen Prozeßkoordinators
- Definition des Prozesses, der Prozeßschritte und der beteiligten betrieblichen Funktionen (Ablaufbeschreibung)
- Festlegung der Teilprozesse
- Ermittlung der Einflußgrößen
- Festlegung der Zulieferungen zu den Prozessen (Material, Information, etc.)
- Sicherung der Steuerbarkeit des Prozesses, Festlegung der Steuergrößen

Ergebnisse aus den Prozessen und damit Ergebnisse des Unternehmens stellen den Ausgang für die Regelung und Verbesserung der Prozesse dar.

2.2.2.4 *Umfeldorientierung*

Die Dynamik von Gesellschaft, Märkten, Gesetzen und Kundenbedürfnissen erfordert einen gezielten Umgang mit allen Umfeldgruppen des Unternehmens.

- **Gesellschaft** – Die Gesellschaft liefert in Zusammenwirken mit der Medienwelt und den daraus resultierenden Möglichkeiten der Einflußnahme auf den Konsumenten wesentliche Chancen und Risken für Unternehmen. Das Management der diesbezüglichen Außenbeziehungen ist wichtig, um das Image und die Entwicklung einer Corporate Identity des Unternehmens nicht dem Zufall zu überlassen.
- **Markt, Mitbewerb** – Die Vergleiche mit dem Mitbewerb und den Besten am Markt (Benchmarking) bieten wertvolle Informationsquellen für die Entwicklung des eigenen Unternehmens. In vielen Fällen werden auch problemspezifische Kooperationen in einzelnen Geschäftsfeldern oder Projekten notwendig und sinnvoll.
- **Natürliche Umwelt** – Umweltmanagement ist ein wesentlicher Teil von Total Quality Management. Strukturgebend für das Umweltmanagement im Rahmen von TQM kann die ISO 14 000 CD oder die EG-VO 1836/93 (EMAS-Verordnung) dienen. Es gibt viele Überschneidungen und nutzbare Synergieeffekte zwischen Umweltmanagement- und Qualitätsmanagementsystemen (ständige Verbesserung, Einbindung der Mitarbeiter, Prävention statt Korrektur, Audits, Reviews, etc.).

2.2.3 TQM und Marketing

TQM sieht Qualität als zentrale Führungsaufgabe. Die Kundenorientierung – hier vorallem der externe Kunde – stellt eine der Säulen zur Erfüllung dieser Führungsaufgabe dar. Damit wird die Einbindung bestehender Marketingaktivitäten und die stärkere Integration der Marketingaufgaben in den Produkterstellungsprozeß zu einer wesentlichen Aufgabe im Rahmen von TQM.

Im Zuge der Umsetzung der Kundenorientierung im Unternehmen ist es wichtig, die methodischen Kenntnisse und das kunden- und marktspezifische Wissen aus dem Marketing zu nutzen.
Derzeit fehlt aber im Marketing noch vielfach das Bewußtsein, daß sich mit TQM ein Konzept durchsetzt, das den konzeptionellen Kern des Marketings integriert und weiterentwickelt.

TQM und die Marketing Management-Konzeption haben in ihrer Ausrichtung vielfältige Übereinstimmungen.
Beide Konzepte erheben den Anspruch, eine „Unternehmensphilosophie" zu sein. Zentrale Orientierungspunkte beider Konzepte sind die Kundenerwartungen und Kundenbedürfnisse. Die Überwindung einer funktionalen Betrachtung, sowie die konsequente Ausrichtung des Unternehmens auf Markterfordernisse stehen im Vordergrund.

Daraus resultiert ein hohes Maß an Mitarbeiterorientierung und innerbetrieblicher Koordination und die Forderung nach Entwicklung der dafür notwendigen Instrumente.
TQM übernimmt zwar vom Marketing Management-Konzept die zentrale Idee der kundenorientierten Unternehmensführung, zeigt aber darüber hinaus auf, wie diese Idee realisiert werden kann.

Konkrete Beiträge des Marketing zu TQM

Bisher wird im Rahmen von TQM nur ansatzweise das betrieblich und außerbetrieblich vorhandene Marketingwissen genutzt. Der Euphorie der Qualitätsbewegung entsprechend, fehlt sogar meist das Bewußtsein für diese Defizite.

Im folgenden werden einige wichtige Aktionsfelder genannt, in denen TQM besonderen Nutzen daraus zieht, wenn im Marketing gesammelte Erkenntnisse und Erfahrungen Verwendung finden:

<u>Entwicklung von Marketingstrategien und Marktpositionierungen</u>:

Die Entwicklung von Marketingstrategien und Marktpositionierungen ist eine wesentliche Voraussetzung für das Qualitätsmanagement.

Das Denken in Zielgruppen sowie die Überlegungen zur entsprechenden Positionierung des Unternehmens, als Voraussetzung für die Entwicklung und Installation eines QM-Systems, fehlt den traditionellen Qualitätsmanagern vielfach.

<u>Erfassung von Kundenerwartungen, -bedürfnissen und Qualitätswahrnehmungen mittels Marktforschungsmethoden</u>:

Speziell für komplexe Projekte mit hohem Dienstleistungsanteil bestehen vielfach Unsicherheiten und Anwendungsdefizite in Bezug auf die Messung der vom Kunden wahrgenommenen Qualität.

Aus dem Marketing verfügbare Kenntnisse hinsichtlich Befragungsinstrumenten und der effizienten Auswertung und Verknüpfung von Befragungsergebnissen mit Verbesserungsmaßnahmen werden kaum genutzt. Die Einrichtung und Nutzung weiterer Dialogformen mit dem Kunden, wie Beschwerdemanagementsysteme, customer advisory boards u.ä., erfolgt nur sehr eingeschränkt.

Ebensowenig wird die „interne Kundenorientierung" als Forderung von TQM durch entsprechende Hilfsmitteln unterstützt.

<u>Einsatz von Marketinginstrumenten zur Schaffung einer qualitätsorientierten Einstellung der Mitarbeiter im Unternehmen</u>:

Personalorientiertes internes Marketing gewinnt für die Einflußnahme auf Einstellung, Motivation und Verhalten an Bedeutung.

Total Quality Management kann jedenfalls in der Kundenorientierung in vielfacher Hinsicht von den Ansätzen, Methoden und Erfahrungen des Marketing profitieren.

2.3 Projekt, Projektmanagement, Projektarten

2.3.1 Projekt

Projekte sind Vorhaben, die grundsätzlich durch die Einmaligkeit der Bedingungen und eine klare Zielorientierung charakterisiert sind. Gleichzeitig bilden sie eigenständige soziale Systeme, die in eine projektspezifische Umwelt eingebettet sind.

Tabelle 2.3 Projektmerkmale

Projektmerkmale	Ausprägungen
Zieldefinition:	• inhaltliche Ziele (qualitative und quantitative Ziele) • zeitliche Ziele (Termine) • Kostenziele (Einsatzmittel und Kosten) • Prozeßziele
Interdisziplinarität	• mehrere Disziplinen – Fachbereiche/Experten – arbeiten zusammen • mehrere Unternehmen arbeiten zusammen (Subauftragnehmer, Konsorten, Arbeitsgemeinschaften, etc.) • Die Kommunikation unterschiedlicher Experten ist notwendig
Neuartigkeit:	• Neuartigkeit bedingt Risiko: technisches Realisationsrisiko Terminrisiko Aufwandsrisiko (Kosten) Rechtsrisiko Verwertungsrisiko, Akzeptanzrisiko • Risiken müssen beim Beschreiten von Neuland immer eingegangen werden, mit gezieltem Risikomanagement kann Risiko jedoch monetär erfaßt und diesem leichter begegnet werden
Komplexität	• Projektinhalt (Grad der Komplexität: Abhängigkeiten, Vernetzung, Umfang) • Dynamik (Grad der Zufälligkeit und Unbeeinflußbarkeit) • Beteiligte Organisationseinheiten (Anzahl, Differenzierung)
Projektbedeutung	• Projektbudget • Zeitdauer • Stellenwert für Beteiligte

Projekte haben üblicherweise hohe Bedeutung für Auftraggeber (Kosten, Nachwirkung) sowie für den Auftragnehmer (Bindung von Arbeitskräften, Kapital, Risiko).

Projekt (nach ISO/DIS 10006:1996):

Ein Projekt ist ein einzigartiges Vorhaben, das aus einem Bündel an koordinierten und kontrollierten Aufgaben mit klarem Anfangs- und Endtermin besteht. Ein Projekt dient der Erreichung klar spezifizierter Vorgaben (Erwartungen) unter einschränkenden Bedingungen in bezug auf Zeit, Kosten und Ressourcen.

Anmerkung 1: Große Projekte können in mehrere kleinere Teilprojekte zerlegt werden

Anmerkung 2: In einigen Projekten werden die Ziele weiter detailliert und die Produktbeschreibungen zunehmend als Projektnutzen dargestellt

Anmerkung 3: Das Projektergebnis kann aus mehreren Produkten bestehen

Anmerkung 4: Die Projektorganisation ist zeitlich begrenzt und nur für die Dauer des Projektes etabliert

Anmerkung 5: Aufgaben in Projekten haben häufig komplexe Wechselwirkungen

Projekt (nach DIN 69901):

Ein Projekt ist ein Vorhaben, das im wesentlichen durch die Einmaligkeit der Bedingungen in ihrer Gesamtheit gekennzeichnet ist, wie durch

klare Zielvorgabe (Leistung – Quantität und Qualität, Termine, Kosten)

Begrenzungen zeitlicher, finanzieller, personeller oder anderer Art

Abgrenzung gegenüber anderen Vorhaben

projektspezifische Organisationsform

Die Einordnung eines Projektes in Bezug auf das Ausmaß an Unsicherheit kann folgendermaßen gesehen werden:

Zunahme an
Unklarheit bezüglich
Input/Output/Prozeß

Perplexität, Problemkonfrontation

Programme (Projektportfolios)

Projekte

Routineaufgaben

Weiters ist ein Projekt als ein soziales System aufzufassen, das durch projektspezifische Verhaltensweisen der Projektteammitglieder (eigene Werte, spezifische Kultur und Identität) gekennzeichnet ist.

2.3.2 Projektmanagement

Projektmanagement kann als spezifische Erscheinungsform von Management speziell betreffend Projekte und Projektorientierte Unternehmen gesehen werden. Projektmanagement ist mehr als ein Methodenbündel für einen bestimmten Problembereich.

Bei systematischem Zugang bezieht sich Projektmanagement auf folgende Ebenen:

- Einzelprojekt
- Projektprogramm (Projektportfolio)
- Projektorientiertes Unternehmen

Im Einzelprojekt werden die Projektmanagement-Aufgaben an den Projektphasen orientiert. Die später präsentierten verallgemeinerten Projektphasen haben je nach Projektart unterschiedliche Ausprägungen (vgl. Seite 35, Kapitel 3, Qualitätsmanagement in den einzelnen Phasen des Projekts).
Projektportfolio und Projektorientiertes Unternehmen können je nach Unternehmensgröße auch gemeinsam betrachtet werden (vgl. Seite 121, Kapitel 4, Qualitätsmanagement im Projektorientierten Unternehmen).

2.3.3 Projektarten

Projekte können nach unterschiedlichen Kriterien kategorisiert werden.

Tabelle 2.4 Projektarten

Kriterium	Beispiele typischer Projekte
Inhalt und Ergebnis	• Investitionsprojekte Generalunternehmerprojekte, Bauprojekte, Anlagenbauprojekte, Instandhaltungsprojekte, Großreparaturen • Akquisitionsprojekte Angebotsausarbeitungen • Forschungs- und Entwicklungsprojekte (F&E) Forschungsaufträge, Produktentwicklungen • Organisationsprojekte, Strategieprojekte Organisationsentwicklung, QM-Einführung, EDV-Umstellung • Gründungsprojekte Unternehmensgründung, -kauf, -beteiligung und -sanierung • Planungs- und Konzeptionsprojekte Generalplanungsprojekte, Planungsprojekte, Durchführbarkeitsstudien, Gutachten • Marketingprojekte Werbeprojekte, PR-Aktionen, Veranstaltungen • Beratungsprojekte Konzeptentwicklung, Umsetzungsberatung und Projektcoaching, Training und Weiterentwicklung
Stellung des Kunden	• Interne Projekte – der Kunde ist im Unternehmen selbst EDV-Umstellung im Unternehmen • Externe Projekte – der Kunde ist außerhalb des Unternehmens Auftragsabwicklung – Investitionsprojekte, Planungsprojekte, Beratungsprojekte, etc.
Grad der Wiederholung	• Einmalige Projekte – Pionierprojekte • Ähnlich wiederkehrende Projekte (unterschiedlicher Grad der Standardisierbarkeit)

Weitere Kriterien könnten sein die Anzahl der beteiligten Organisationseinheiten (Abteilungen, Lieferanten, Abteilungen des Kunden) oder der Schwierigkeitsgrad.

Projekte unterschiedlichen Charakters bilden in Projektorientierten Unternehmen häufig eine Folge. Hier sind in einer ganzheitlichen Sichtweise Maßnahmen des Qualitätsmanagements umfassend zu betrachten.

Tabelle 2.5 Typische Folge von Projekten

Projektart – Folge		Einzelergebnis des jeweiligen Projektes
Marketingprojekt	⇨	Anfrage
⇩		
Akquisitionsprojekt	⇨	Angebot, Auftrag
⇩		
Investitionsprojekt	⇨	hergestelltes Objekt
⇩		
Routineaufgabe Kundenbetreuung Akquisition Reparaturprojekt	⇨	Service, Reparaturaufträge
⇩		
Reparaturprojekte	⇨	wiederhergestellte Verfügbarkeit

2.4 Die Dienstleistungskomponente in Projekten

Projektarbeit besteht je nach Projektart zu einem mehr oder weniger großen Anteil aus Dienstleistungstätigkeiten. Die Dienstleistungskomponente in der Projektarbeit wird allgemein gesehen immer umfangreicher.

Dienstleistungen stellen eine „Produktkategorie“ dar (Hardware, Software, Verfahrenstechnische Produkte). Dienstleistungen sind also Produkte, die als Ergebnisse von Erstellungsprozessen in grundsätzlich nicht-materieller Form vorliegen. Die Qualität der Dienstleistung kann nicht unmittelbar sondern nur mittelbar beurteilt werden.

2.4.1 Merkmale von Dienstleistungen

Direktes, unmittelbares Angebot in Form von Leistungsfähigkeiten/Potentialen

Ein Angebot von Leistungspotentialen bedeutet die Bereithaltung leistungsfähiger und leistungsbereiter Menschen (einschließlich Maschinen, Information, etc).
Die Dienstleistung wird vom Anbieter direkt durch Übertragung, Überführung und Konkretisierung der angebotenen Leistungsfähigkeiten an Faktoren des Abnehmers erbracht.

Immaterialität

Dienstleistungen sind ein Produkt mit dem Charakter der Immaterialität. Im Gegensatz dazu stehen Sachgüter mit materiellem Charakter.

Dienstleistungsproduktion und Sachgüterproduktion verlieren jedoch immer mehr an Trennschärfe. Ergebnisse von Projektarbeit stellen meist **situationsspezifische Gesamtlösungen** mit sowohl materiellen als auch immateriellen Komponenten dar (Bsp.: Ohne Software gibt es keine Nutzung von Hardware).

Die Festlegung von Qualitätsmerkmalen und die Spezifikation der Leistung sind bei Projekten mit derartigen Gesamtlösungen meist schwierig, da das materielle Transferobjekt (Produkt) mit den meßbaren Eigenschaften zum Teil fehlt.

Vernetzung von Kunden, Partnern und Lieferanten in unterschiedlichen Phasen der Projektarbeit

Die Integration von Kunden, Partnern, Lieferanten und „Katalysatoren" (Konsulenten, Gutachter, etc.) in der Projektarbeit ist das dritte wichtige Merkmal. Unter diesem Aspekt der vielfältigen Schnittstellen gewinnen **Informationssysteme** zunehmend an Bedeutung.

Viele Projekte haben ausschließlich Dienstleistungscharakter. Die Erstellung von Dienstleistungen in Projektform und damit die Bildung von interdisziplinären, unternehmensübergreifenden Projektteams, welche problem- und zielorientiert zusammengesetzt werden, stellen die zentralen Herausforderungen an Dienstleistungsanbieter dar.

2.4.2 Eigenschaften und Besonderheiten der Dienstleistungskomponente in Projekten

Folgende Eigenschaften sind für Dienstleistungskomponenten in der Projektarbeit generalisierbar und bilden damit wesentliche Rahmenbedingungen für den Aufbau, die Handhabung und laufende Verbesserung des entsprechenden Qualitätsmanagements:

A) Individualität und begrenzte Standardisierbarkeit

B) Hohe, schwer faßbare Komplexität

C) Vieldimensionaler Charakter

D) Keine Speicherbarkeit und Lagerbarkeit

E) Einschränkungen bezüglich Handel, Transport und Standort

A) Individualität und begrenzte Standardisierbarkeit

Dienstleistungen sind in hohem Maße individuelle Leistungen, damit sind sie zwangsläufig schwer standardisierbar.

Individualität bedingt durch den Anbieter

- Intraindividuelle Schwankungen in der Leistungsfähigkeit (quantitativ, qualitativ), bedingt durch nicht-maschinengebundene Erstellung
- Interindividuelle Schwankungen zwischen verschiedenen Dienstleistern, bedingt durch unterschiedliche Erfahrungen, Fertigkeiten und verschiedene Ausbildung

Individualität bedingt durch den Nachfrager

- objektiv gegebene Individualität der externen Faktoren durch deren Verschiedenheit (z.B. Unterschiede in den gewünschten Beratungsinhalten bzw. Beratungsansätzen)
- subjektiv gewünschte Individualität der Dienstleistung (z.B. Auftreten, Verhalten, etc. eines Beraters bei durchaus gleichbleibenden sachlichen Beratungsinhalten)

Diese doppelseitige Individualität erfordert vom Dienstleistungsanbieter ein sehr hohes Ausmaß an Flexibilität.

Eine Standardisierung für ein umfassendes Qualitätsmanagement ist beispielsweise im Sinne der Schaffung von Mindeststandards und der Definition von Grundausrichtungen und Rahmenbedingungen möglich. Standardisierung mit dem Ziel der problemlosen Vervielfältigung und Mehrfachanwendung ist nicht möglich.

B) Hohe, schwer faßbare Komplexität

Im Gegensatz zu reinen Sachgütern, etwa in der Massenproduktion, entsteht bei Projekten mit hohem Dienstleistungsanteil kein greifbarer, eigenständiger Wert-, Nutzen- und Qualitätsträger für die Gesamtleistung.

Umtausch oder die Rückgabe sind ausgeschlossen; Nachbesserungen nur bedingt möglich. Wiederholungen bzw. ein Neubeginn sind nie ohne Probleme möglich.

Vor Projektbeginn können sich Anbieter und Nachfrager hinsichtlich des Dienstleistungsanteils nur auf ein Leistungsversprechen, kaum aber auf ein konkretes, physisch präsentes Objekt einigen.

C) Vieldimensionaler Charakter

In einer ganzheitlichen Sichtweise hat die Dienstleistungskomponente der Projektarbeit mehrere Ergebnisdimensionen, die sich auch in der Definition verschiedener Teilqualitäten wiederfinden.

Folgende Dimensionen werden in unterschiedlichsten Beschreibungen der Dienstleistungsqualität immer wieder genannt und beziehen sich sowohl auf **materielle** als auch **immaterielle** Teile des gesamten Lösungssystems:

Qualität des Potentials des Anbieters

Der Nachfrager nimmt Potentiale des Anbieters wie etwa Image, Größe, Referenzen, Qualifikation des Personals, Repräsentant, etc. als Qualitätsmerkmale wahr. Diese Merkmale haben noch nichts mit dem möglicherweise zustandekommenden Projekt zu tun, beeinflussen aber massiv die Entscheidung eines potentiellen Kunden.

Neben der Entscheidungsbeeinflussung entwickelt sich natürlich auch eine bestimmte Erwartungshaltung beim potentielle Kunden.

Qualität des Produktes – (Sachgut, Hardware, Software, Dienstleistung, Verfahrenstechnisches Produkt)

Ein Teil des Projektergebnisses ist häufig durch Hardware charakterisiert. Die entsprechenden Qualitätsmerkmale und Qualitätsmanagementaufgaben sind je nach Projektphase (Abgrenzung, Planung, Abwicklung, etc.) zu sehen und ähnlich jenen von traditionellen Produktionsunternehmen.

Qualität des Erstellungsprozesses / Kontaktqualität (Verhalten)

Der Prozeß der Projektabwicklung, die Art der Zusammenarbeit mit Kunden und Lieferanten, das gemeinsame Entwickeln und Abstimmen, die Kommunikation während des Projektes und das Erkennen und Leben einer entsprechenden qualitätsorientierten Projektkultur, stellen wesentliche Größen für die Sicherung der Gesamtqualität des Projektes und somit des Projekterfolges dar

Ein bedeutenderer Teil des Projektergebnisses liegt im immateriellen Bereich des Gesamtergebnisses (Know-how, Beratung, Planung, Konzeption, Problemlösung, Training, etc.).

Der Erstellungsprozeß ist darüber hinausgehend nicht, wie bei einer Hardware, mit der Lieferung zu Ende, sondern erstreckt sich im komplexen Produktverständnis auch projektspezifisch auf Nutzungsphasen der erbrachten Projektarbeit.

Die gezielte Konkretisierung entsprechender Qualitätskriterien ist hierbei sehr schwierig und wird oft vernachlässigt.

Systemorientiertes Vorgehen im Qualitätsmanagement der vielfältigen Aspekte eines Projektes bedeutet ein ganzheitliches Betrachten dieser unterschiedlichen Ergebnis- und Prozeß(Verhaltens-)dimensionen.

Nur bei ganzheitlicher Wahrnehmung aller dieser Größen und einem gezielten Management der entsprechenden Parameter kann die Gesamtqualität von Prozeß und Ergebnis gewährleistet werden.

D) Keine Speicherbarkeit und Lagerbarkeit

Die Dienstleistung kann vom Anbieter nicht gelagert oder auf Vorrat produziert werden. Der Anbieter hat demzufolge nur die Wahl zwischen dem Anbieten von leistungsbereiten internen Faktoren auf Vorrat oder dem Wartenlassen von Kunden.

In Zeiten geringer Nachfrage bleibt dem Dienstleister nur die Möglichkeit der Reduzierung des Niveaus der Leistungsbereitschaft. Der Sachgüterproduzent hat hier möglicherweise die Alternative der Produktion von Halbzeugen auf Lager.

E) Einschränkungen bezüglich Handel, Transport und Standort

Der Transport einer immateriellen Dienstleistung ist im Vergleich zur materiellen Ware immer ein zweiseitiger Prozeß. Der Anbieter kommt zum Nachfrager oder umgekehrt.

Die Simultaneität von Dienstleistungserstellung und -abgabe und das häufige Fehlen eines isolierbaren Transferobjektes schließen einen Handel (im klassischen Sinn) mit Dienstleistungen aus.

2.5 Das Phasenkonzept

Das Problem der Festlegung von Projektphasen bzw. Projekt-Phasengliederungen ist immer in Zusammenhang mit den Begriffen **Phasenkonzept** bzw. **Projekt-Lebenszyklus** und **Objekt-Lebenszyklus** zu sehen.

Definiert sind Projektphasen als „Abschnitte eines Projektablaufes, die logisch vernetzt sowie sachlich und zeitlich gegenüber anderen Abschnitten abgegrenzt sind".

Nutzen und Vorteile eines Phasenkonzeptes

- Schaffung abgegrenzter, überschaubarer Teile
- Reduktion des Risikos durch Definition von Abbruchstellen zwischen den Phasen (Phasenübergänge mit Entscheidungspunkten – Meilensteine; go/no-go Entscheidungen, Audits)
- Möglichkeit, zu vorhergehenden Phasen zurückzuspringen
- Zielorientierte, effiziente Vorgangsweise durch die Definition von Zielen und Ergebnissen je Phase
- Flexibilität, in dem man Werthaltungen, Strategien und Ressourceneinsatz in jeder Phase an den spezifischen Bedarf anpassen und kurzfristig verändern kann
- Schrittweises Verringern von Unsicherheiten und Ungenauigkeiten durch ein Vorgehen vom Groben zum Detail (systemorientiertes Vorgehen)

2.5.1 Objekt (Produkt) – Lebensphasen

Ein Produkt (Sachgut, Dienstleistung) macht in seiner Lebensreise von der Idee bis zur Beendigung seiner Existenz, mehr oder minder ausgeprägt, mehrere typische Lebensphasen durch.

Die kursiv geschriebenen Anmerkungen stellen die Verbindung zu der Phasenstruktur in Bild 2-4 her.

- **Bedarfsplanung** (Anforderungsermittlung, Zieldefinition)
  Problemdefinition, Abgrenzung, etc.
- **Objektplanung** (Design, Konzeption, Strukturierung, Detaillierung)
  Planung, Engineering, Beratungskonzeption, etc.
- **Realisierung** (Komponenten-Beschaffung/-Herstellung, Zusammenbau)
  Beratung, Beschaffung, Fertigung, Logistik, Export, Versand, Bau, Montage
- **Inbetriebnahme** (Testen, Eingliederung in die Nutzung)
  Inbetriebnahme
- **Nutzung** einschließlich Instandhaltung
  Gewährleistung, Wartung, Service, Änderungen, Instandhaltung
- **Stillegung** (Ausgliederung aus der Nutzung)
- **Entsorgung** (verschiedene Ebenen des Recycling, Endlagerung) oder Modifikation (Rückkopplung)
  Recycling, Entsorgung

Jede einzelne dieser Phasen, aber auch mehrere zusammenhängende Phasen, können die Aufgaben eines Projekts darstellen. Deckt das Projekt mehrere Phasen ab, so bieten sich diese Lebensphasen des Objekts zugleich als Gliederung des Projekts an.

Das für einen Zweck, d.h. für eine Nutzenerbringung im Zuge seiner Nutzung geschaffene Produkt verursacht naheliegenderweise Kosten in jeder Phase des Lebenszyklus die es in einer Gesamtsicht im Verhältnis zum Nutzen zu optimieren gilt. (Life Cycle Cost – Concept, LCC)

Es ist theoretisch nur empirisch überprüfbar, daß die Beeinflußbarkeit von Phasenkosten eines Objektsystems steigt, je früher man sich im Lebenszyklus befindet.
So können beispielsweise die Abbruchkosten eines Objektes im Zuge der eigentlichen Tätigkeit des Abbrechens nur marginal verringert werden. Die wesentliche Gestaltungsmöglichkeit mit geringem Aufwand etwa durch günstige Gestaltung, Materialwahl etc., liegt im Zuge der früher liegenden Lebensphase „Planung".

Ein **Projekt** wird nur in den seltensten Fällen alle Phasen des Objektlebenszyklus beinhalten. Meist wird es sich nur um die Phasen Planung und Realisierung handeln. Die ganzheitliche Betrachtung des Objekt-Lebenszyklus und dessen optimale Gestaltung im Sinne eines Gesamtkostenminimums ist damit in Projekten nicht gegeben.

TQM in Projekten stellt hier jedoch ein ganz wesentliches Gegengewicht dar:

Kundenzufriedenheit, d.h. die Zufriedenheit der Projektauftraggeber und Objektnutzer wird hier umfassend gesehen, was sich längerfristig als Nutzen für alle am Projektgeschehen Beteiligten erweist.

Bild 2-4 zeigt die typischen Phasen des Lebenszyklus eines Objektes in allgemeiner Struktur. Die verwendeten Begriffe orientieren sich dabei eher am Anlagenbau, sie finden aber ihre Entsprechung genauso für Software-Engineering, Organisationsentwicklung oder auch in der Konsumgüterindustrie.

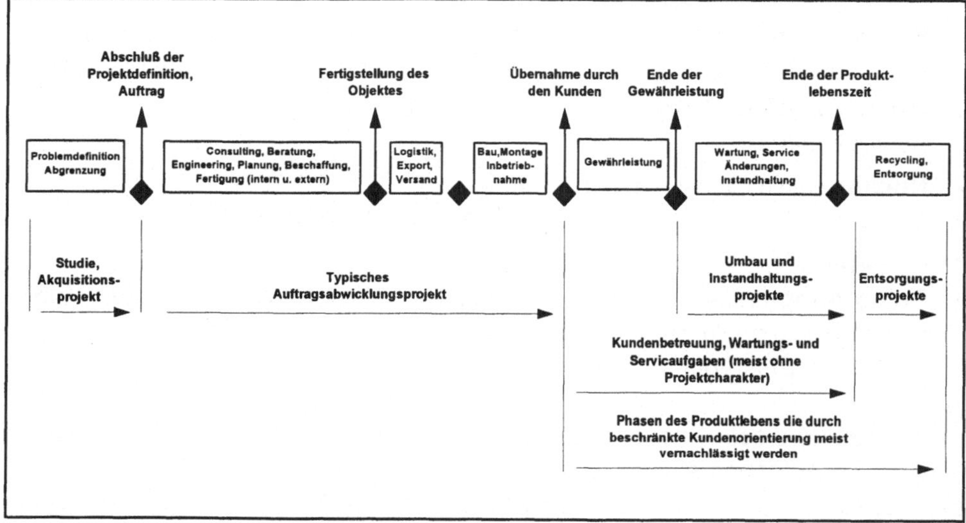

Bild 2-4 Objektlebenszyklus – Phasenkonzept und mögliche Projekte

2.5.2 Projekt – Phasen

Ein Projekt kann je nach Projektart (Produktplanungsprojekt, Bauprojekt, Montageprojekt, Reparaturprojekt, Generalunternehmer-Projekt) eine oder auch mehrere Phase des Lebenszyklus abdecken. In der Projektabwicklung sollten jedoch im Rahmen der Umfeldanalyse und der Kommunikation der Projektinhalte die jeweils nicht beinhalteten Phasen mitberücksichtigt werden (Umfeldanalyse).

Die unterschiedlichen Lebensphasen des Objektes und die unterschiedlichen Phasen eines Projektes erfordern einen spezifischen Einsatz jener Aktivitäten, die das Qualitätsmanagement betreffen, sowie den jeweils adäquaten Methoden.

Entsprechend den Lebensphasen ergeben sich unterschiedliche Projektarten, die eine oder mehrere Lebensphasen betreffen können. Unabhängig von den gerade durch ein Projekt betroffenen Lebensphasen kann man dabei ein selbstähnliches Vorgehensmodell der Projektarbeit darstellen.

Zugleich kann man Phasen abgrenzen, die grob dem zeitlichen Ablauf entsprechen, und Aufgabenbündel, die projektbegleitend von Start bis Ende ablaufen.

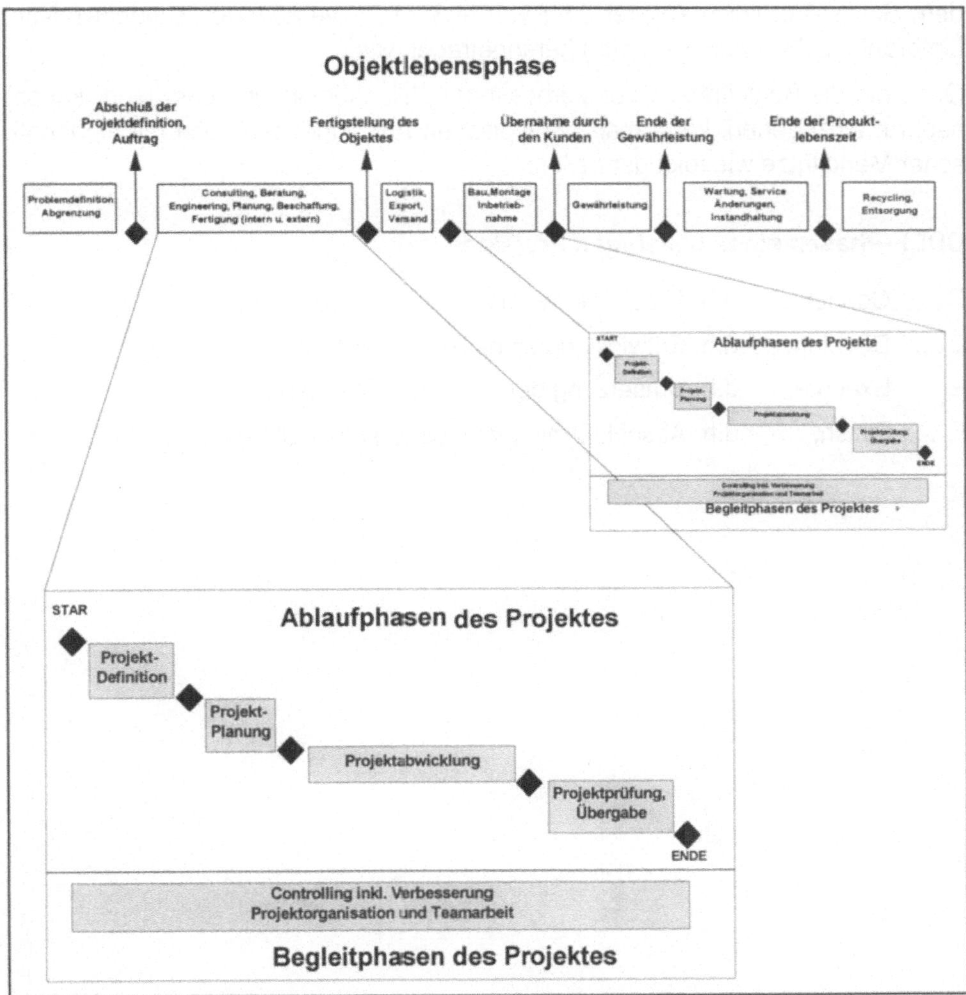

Bild 2-5 Selbstähnliche Vorgehensstruktur für Projekte in beliebigen Phasen des Objekt-Lebenszyklus

Projektphasen werden durch Ereignisse – **Meilensteine** begrenzt, d.h. gestartet und beendet. Meilensteine können entweder extern determinierte, d.h. von der Projektumwelt geforderte Ereignisse mit einem bestimmten Leistungsfortschritt (zu einem bestimmten Termin) sein oder vom Team selbst definierte Ereignisse darstellen.

Die Meilensteine stellen Punkte für Soll/Ist-Vergleiche betreffend Leistung, Aufwand und Zeit dar und bilden gleichzeitig die Ansatzpunkte der qualitätsrelevanten Handlungen (Prüfungen, Kontrollen, Dokumentation) im Projektgeschehen.

Weiters wird an den Meilensteinen der Änderungsbedarf dargestellt, der sich aus dem Soll/Ist-Vergleich ableitet oder von außerhalb (veränderter Kundenwunsch, Lieferantenschwierigkeiten, etc.) herangetragen wird.

Ohne auf die Begleitphase der Verbesserung (Nachbesserung oder Modifikation) separat einzugehen, kann man die typischen Projektphasen auch mit alphabetischer Merkstütze wie folgt darstellen:

CDEF-Phasen eines beliebigen Projektes

C ....Conceive, d.h. Problemerfassung, Aufgabendefinition

D ....Develop, d.h. Entwicklung eines Aktivitätenplans

E ....Execute, d.h. Umsetzung der geplanten Maßnahmen

F ....Finish, d.h. Abschluß mit nutzungsgerechter Übergabe

3 Qualitätsmanagement in den einzelnen Phasen des Projektablaufes

Zu diesem Kapitel seien die Phasen der Projektarbeit und die jeweils zugehörigen Aufgaben und Methoden ausgehend von den unterschiedlichen, jedoch sich vielfach überschneidenden Ansätzen aus Projektmanagement, Qualitätsmanagement, Risikomanagement und Claimmanagement beschrieben.

Folgende Ereignisse, bzw. Phasen werden erfaßt:

• Projektstart	Ereignis
• Projektdefinition	Ablaufphase
• Projektplanung	Ablaufphase
• Projektabwicklung	Ablaufphase
• Projektprüfung, Übergabe	Ablaufphase
• Projektcontrolling	Begleitphase
• Verbesserung	Begleitphase
• Projektorganisation und Teamarbeit	Begleitphase
• Projektabschluß	Ereignis

Am Ende der Darstellung der Phasen der Projektarbeit werden die entsprechenden Hilfsmittel, Formulare und Grundlagen zusammengefaßt (vgl. Seite 109, Kapitel 3.10, Ergänzende Hilfsmittel und Beispiele).

3.1 Projektstart

Der Projektstart stellt ein klares Ereignis für den Beginn eines Projektes dar. Je nach Projektart gibt es unterschiedliche Formen des Projektstarts, die alle das erforderliche Mindestmaß an Vereinbarung und Klärung herbeiführen

Der Projektstart nimmt auf die Projektentstehung Rücksicht, bezieht die Vorprojektphase mit ein und stellt üblicherweise den dokumentierten Verantwortungsübergang an den Projektleiter dar. Für diese Beauftragung des Projektleiters wird auch bei externen Projekten ein „Interner Projektauftraggeber" benötigt, d.h. festzulegen sein.

Projektentscheidung – Projektauftrag

In der Projektentscheidung wird festgelegt, daß eine komplexe Aufgabe als Projekt durchzuführen ist.

Diese Entscheidung kann abhängig von den Erfahrungen der Entscheidungsträger intuitiv erfolgen oder mit Hilfe von standardisierten Analysemethoden getroffen werden (z.B. Nutzwertanalyse, mehrdimensionale Erfassung der Projektwürdigkeit einer Aufgabe).

Der interne Projektauftrag ist das formale Startdokument eines Projektes und beinhaltet die wichtigsten Projektdaten (Projektkurzinformation).

Tabelle 3.1 Startereignisse zu den wichtigsten Projektarten

Vorprojektphase	Startereignis	**Projektart**	Dokumentation Startereignis	QM-Aufgaben Projektstart
Marktbearbeitung, Messen, Ausstellungen, Besuche, etc.	Anfrage, Kundeninteresse, Ausschreibung	**Akquisitionsprojekt**	schriftliche Anfrage, Telefonnotiz, Besuchsnotiz Angebotsname und Angebotsnummer	Informationen und Informationsquelle überprüfen, vergleichbare Akquisitionen und deren Erfahrungen erfassen
Akquisitionsprojekt	Auftrag, Projektstartsitzung	**Investitionsprojekt, Bauprojekt, Anlagenbauprojekt,** **Planungs- und Konzeptprojekt, Durchführbarkeitsstudie, Gutachten** **Beratungsprojekt**	Auftragsbestätigung, Vorvertrag, Vertrag; Protokoll der Projektstartsitzung, Projektkurzbeschreibung (aus Akquisitionsprojekt abgeleitet) Projektname bzw. Projektnummer	Dokumentation der Beauftragung Projektleiter und Sicherstellung des Informationsübergangs; Übergabe einschließlich Anregung der Vertragsprüfung
Problemerkennung, Optimierungsbedarf, Ideen, Anregung von Kunden, Mitbewerb, neue Technologie	Projektbenennung und Auftrag zur Konkretisierung in einer Startsitzung	**Forschungsprojekt, Produktentwicklung**	Konzept auf einer A4- Seite, Auftrag zur Erstellung eines Pflichtenheftes Bezeichnung und Budgetrahmen	Dokumentation des internen Auftrags; Sammlung von Information möglicher Betroffener
Neuer Managementansatz, neue EDV-Systeme, Marktdruck, Mitarbeiterwunsch	Startworkshop, Auftrag an einen Projektleiter	**Organisationsentwicklung, QM-Einführung, EDV-Umstellung**	Dokumentation Startworkshop mit der Projektdefinition Projektname und evtl. Erkennungsmerkmal (Logo)	Einbindung der Betroffenen, Sicherung der Zustimmung der Geschäftsleitung; durch gezielte Information Akzeptanzsicherung
Neue Produkte, neue Märkte, Strategische Entscheidungen	Startworkshop, Auftrag an einen Projektleiter	**Marketingprojekt Werbeprojekte, PR-Aktion, Veranstaltung**	Dokumentation Startworkshop mit der Projektdefinition und den Teammitgliedern	Information und Einbindung Externer

Die Schnittstellen zwischen einzelnen Phasen, parallel laufenden Projekten und auch Organisationseinheiten sind genau festzulegen. Die Informationswege sind klar zu gestalten. An den Schnittstellen liegen potentielle Fehlerquellen; hier liegt die wesentliche Verantwortung aus der Sicht des Qualitätsmanagements.

3.2 Phase Projektdefinition

In der Phase der Projektdefinition wird möglichst genau umrissen, was zum Projekt gehört, und ausgegrenzt, was nicht Inhalt des Projektes ist.

Teile der Projektdefinition wie Zielbildung und die Vorbereitung der Projektentscheidung und des Projektauftrages finden vielfach schon **vor dem Projektstart** statt. Damit werden Grundlagen der Entscheidung für das Projekt geschaffen.

Die Projektdefinition kann auch in einem eigenen vorgelagerten Projekt stattfinden. So stellt ein Akquisitionsprojekt bei Auftragserteilung gleichzeitig die Definitionsphase für das darauffolgende Investitionsprojekt dar. Die Phase der Definition beinhaltet umfassend betrachtet folgende Methoden bzw. Aufgaben.

Tabelle 3.2 Aufgaben und Methoden in der Phase Projektdefinition

	Management in der Phase Projektdefinition			
Blickwinkel:	Projekt-management	Qualitäts-management	Risiko-management	Claim Management
Methoden, Aufgaben	Zielbildung Projektab-grenzung Projektumfeld-analyse	QFD Phase 1 Problemlösungs-techniken Affinitäts-diagramm Relations-diagramm	Risikoanalyse FMEA (teilweise)	Claim-Vorsorge Vertragsprüfung

3.2.1 Zielbildung in der Definitionsphase

Die Zielbildung sollte projektspezifisch einer Zielhierarchie folgend und aus strategischen Gesamtzielen Teilziele bzw. operationalisierte Einzelziele ableiten.

Operationalisierte Einzelziele enthalten einen klaren Zielgegenstand, ein klares Zielausmaß und einen Zeitbezug. Damit sind die Voraussetzungen für entsprechende Regelkreise gegeben (spätere Erfolgsmessung, etc.).

Ziele sollten realistisch gesetzt werden und durch Angabe von Nicht-Zielen klar abgegrenzt werden.

Das Vorgehen in der Zielbildung kann intuitiv oder diskursiv erfolgen.

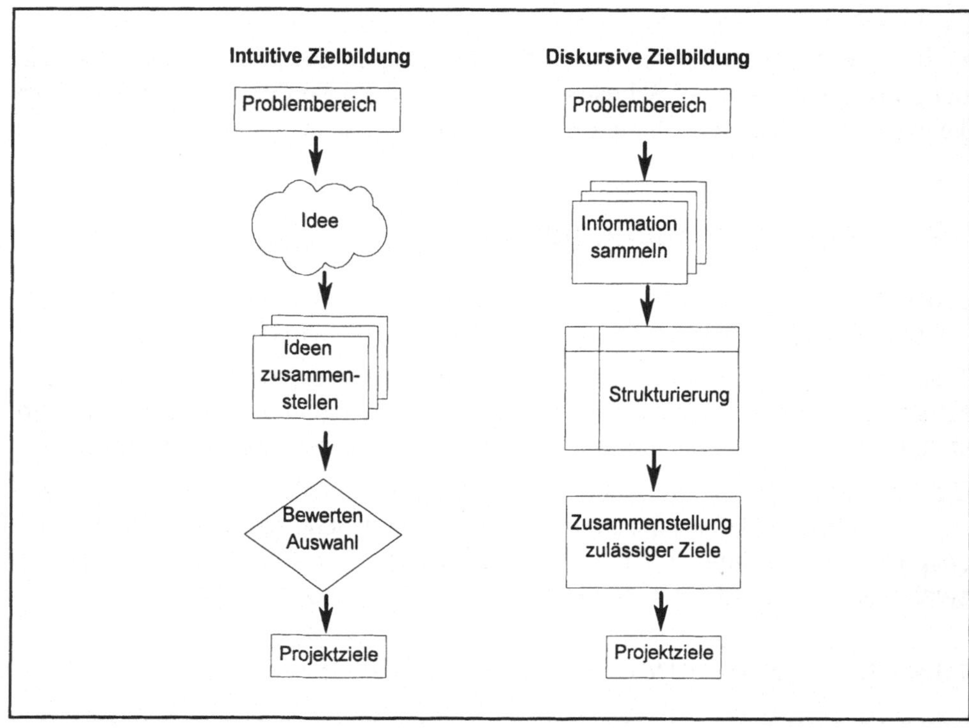

Bild 3-1 Diskursive oder intuitive Zielbildung

3.2.2 Projektabgrenzung

Die Projektgrenze stellt die klare Unterscheidung des Projekts von anderen Aufgaben, Projekten und Organisationseinheiten im Unternehmen dar.

Die Zielbildung und die Planung und Messung des Projekterfolges gehen Hand in Hand mit einer klaren Abgrenzung des Projekts, da sonst die verwendeten Planungs- und Steuermethoden ihre Wirksamkeit verlieren und Kompetenzkonflikte auftreten.

Elemente der Abgrenzung:

- Festlegung des Projektnamens
- sachliche Abgrenzung — Projektziele
Projektinhalte – Hauptaufgaben, Kosten, Risiko
- zeitliche Abgrenzung — Projektdauer/zeit, Projektstart- und ende, Meilensteine
- soziale Abgrenzung — projektspezifische Verantwortung, Rollen, projektspezifische Werte (Projektauftraggeber, Projektleiter, Projektteam)

Diese Elemente der Abgrenzung stellen gleichzeitig die Dimensionen der Umfeldanalyse dar. Die Grenzen und damit geschaffenen Schnittstellen sollen als „Nahtstellen“ der Einbindung eines Projektes in das Umfeld verstanden werden.

3.2.3 Projektumfeldanalyse

Ganzheitliches qualitätsorientiertes Projektmanagement versucht, in frühen Projektphasen die Außensicht (Marketingorientierung) zu forcieren. Dadurch soll die Einbettung des Projektes in die nächsthöheren Systeme (Portfolio, Projektorientiertes Unternehmen, Gesellschaft) sowie das Zusammenwirken mit anderen Systemen erfaßt und den bestehenden Beziehungen entsprechende Bedeutung beigemessen werden.

Die Projektumfeldanalyse erfaßt diese Zusammenhänge und bietet Hilfsmittel zu deren Darstellung an.

Tabelle 3.3 Dimensionen der Projektumfeldanalyse

sachlich	• Strategien, Maßnahmen, Handlungen, die mit dem Projekt zu tun haben. • Bedeutung und Priorität des betrachteten Projektes und seine Einordnung im Unternehmen in Bezug auf die Unternehmensstrategie werden ausgelotet. • Zusammenhänge und Verbindungen mit sowie die Konkurrenzverhältnisse zu anderen Projekten werden dargestellt.
zeitlich	• Vorprojektphase – Projekt – Nachprojektphase, ... • im Sinne einer ganzheitlichen Sichtweise sollten alle Objektphasen und deren Zusammenhänge betrachtet werden.
sozial	• Stakeholder und deren Erwartungshaltungen an das Projekt. • Es kann zwischen unternehmensinternen und externen Projektumfeldern im Sinne der Beeinflußbarkeit unterschieden werden.

Die Schritte der sozialen Projektumfeldanalyse lassen sich wie folgt darstellen:

- ganzheitliche Erfassung aller Interessensgruppen eines Projektes
- Festlegung der Gewichtung und Nähe dieser Einflußfaktoren auf das Projekt
- grafische Darstellung für Kommunikationszwecke (Erarbeitung im Team!)
- Früherkennung von Potentialen (positiv) sowie Konflikten und Problemfeldern (negativ) im Projekt
- Ausarbeitung von Strategien

Die soziale Projektumfeldanalyse ist Grundlage für die Dokumentation der Kundenvorstellungen, der Erwartungen unterschiedlicher Umfeldgruppen und Basis für ein professionelles Projektmarketing.

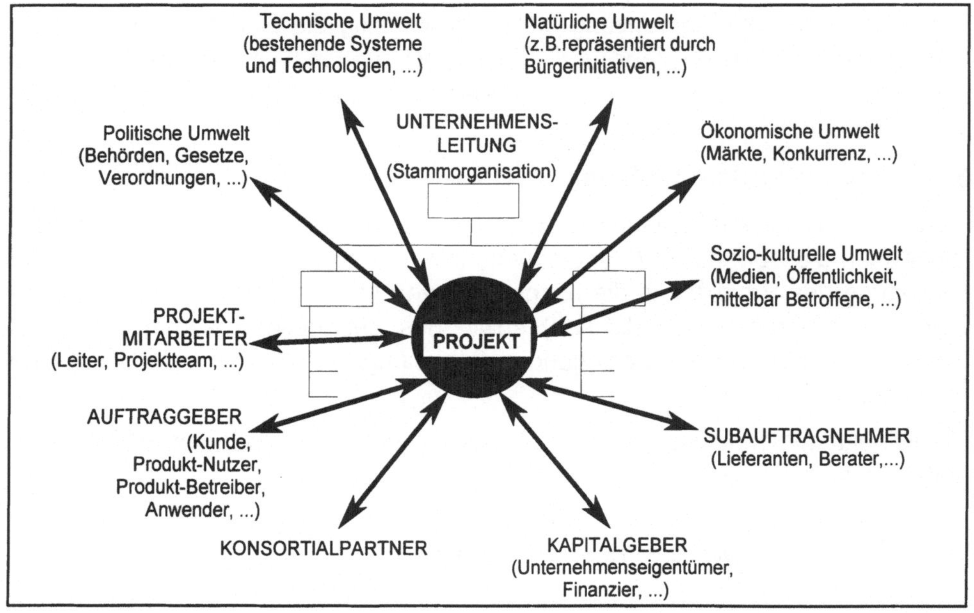

Bild 3-2 Beziehungen zwischen Projekt und Projektumfeld

Die Vorgehensschritte der Projektumfeldanalyse

- **inhaltliche** Abgrenzung: Anlaß, Ausgangssituation, Ziele/Nicht-Ziele, Hauptaufgaben, Leistungsumfang, Projektbudget
- **zeitliche** Abgrenzung: Projektstart, Projektende, Meilensteine
- **soziale** Abgrenzung: Definition von Projektauftraggeber, Projektleiter, Projektleiter Kunde, Projektteam
  Projektauftraggeber und Projektleiter sollten innerhalb eines Projektes gleich bleiben
- Erfassen der kritischen Erfolgsfaktoren – **Meßgrößen der Qualität** zu den beschriebenen Merkmalen

Die Projektdefinition muß mit dem Auftraggeber (intern und wenn vorliegend extern) abgestimmt sein. Eine laufende Überprüfung im Rahmen der vereinbarten Regelkreise und bei Bedarf Neudefinition sind wesentliche Voraussetzungen für den Projekterfolg. Die Projektdefinition stellt die erste Grundlage für die sogenannte Bezugskonfiguration des Projektes dar. In den Verfahren des Konfigurationsmanagements wird auf dieser Grundlage aufgebaut.

Das Ergebnis der Phase Problemdefinition sollte eine nach **Objekt** und **Prozeß** möglichst klar umrissene Aufgabenstellung sein.

3.2.4 Quality Function Deployment (QFD)

In der Phase **Projektdefinition** ist ein über die oben beschriebenen Aufgaben und Methoden der Projektdefinition hinausgehendes Konkretisieren der Kundenwünsche und Qualitätsmerkmale mittels QFD eine Maßnahme, um Ausführungsspezifikationen und Qualitätsmerkmale bzgl. Hardware, Software und Erstellungsprozeß weiter zu verfeinern.

Die zielgerichtete Erreichung des Projektergebnisses (Produktes) mit einer möglichst guten Umsetzung der Kundenerwartungen in den Produkteigenschaften bzw. -funktionen wird durch QFD methodisch unterstützt. Im Mittelpunkt von QFD steht eine Übersetzungsmatrix, das von Fukahara entwickelte „Qualitätshaus“ (house of quality).

Tabelle 3.4 Projektphasen und zugeordnete Phasen von QFD

Projektphase	Phase im QFD	QFD-Matrix
Start Projektdefinition	Phase 1: Erarbeitung einer QFD für das Gesamtprojektergebnis oder für kritische Projektteilergebnisse Übersetzung der Kundenanforderungen in Projektergebnismerkmale (Ein allgemeines Lastenheft ist als Ergebnis vorliegend)	Projektergebnis-merkmale Kunden-an-forder-ungen Projekt-ergebnis-planung
Projektplanung	Phase 2: Übersetzung der kritischen Merkmale aus Phase 1 in Merkmale von Projektteilen (Objekten) und Überarbeitung der Phase 1 – projektspezifische Erstellung von QFD´s für kritische Objektteile (Teilemerkmale, Qualitätsmerkmale)	Projektteil-merkmale Projekt-ergebnis-merk-male Projektteil-ergebnis-planung
	Phase 3: Erarbeitung der notwendigen Projektpläne für die Umsetzung der dargestellten kritischen Merkmale aus der Phase 1 und den Teil-QFD´s aus Phase 2 (Projekt-QFD) (Herstellvorschriften, Prüfverfahren, Termine, Abhängigkeiten, etc.) Einarbeitung der Ergebnisse aus der Projekt-QFD in die relevanten Projektpläne Benchmarking	Projektplanungs-merkmale Projekt-ergebnis-Projekt-teilmerk-male Projekt-planung
Abwicklung Prüfung Verbesserung Controlling	Phase 4: Nutzung der Ergebnisse von Phase 1 und Phase 2 für die Projektsteuerung Vergleich der Prozeßqualität aufbauend auf dem Benchmarking in der QFD-Phase 3 Sicherung von Wissen im Rahmen der Verbesserung – Verbesserung der Datengrundlagen für weitere QFD´s bei ähnlichen Projekten	

In der Übersetzungsmatrix werden in der ersten Phase zum jeweiligen Projektergebnis die Kundenanforderungen („Stimme des Kunden") und technischen Merkmale („Stimme des Unternehmens") in Matrixform übersichtlich gegenübergestellt, bewertet und gewichtet.

Die Überführung der „Stimme des Kunden bis zur Stimme des Unternehmens" erfolgt in mehreren Phasen, die mit den definierten Projektphasen in Bezug gebracht werden können.

QFD bedeutet also die Entwicklung von Qualität durch die Entwicklung von Qualitätsfunktionen abgeleitet aus den Kundenanforderungen.

QFD kann einerseits in neuen Projekten in der kritischen Definitionsphase als methodisches Hilfsmittel und andererseits in Routineprojekten zur Verbesserung der Kundenorientierung verwendet werden.

Für komplexe, neuartige Projekte ist vor allem die Übersetzungsmatrix der Kundenanforderungen in technische Merkmale, und das „Dach" mit der Darstellung der Zielkonflikte sehr hilfreich.

Schritte QFD – Phase 1

1. Informationsbeschaffung
2. Kunde, Nutzer, bzw. Kundennutzen definieren

   Markt- und Umfeldinformationen einholen (vgl. Umfeldanalyse)
   Projektergebnis systemorientiert und ganzheitlich als Teil des Umsystems betrachten
3. Anforderungen an das Projektergebnis festhalten

   Klar formulierte, unbedingt erforderliche und vorausgesetzte Anforderungen in der Sprache des Kunden festhalten. Bei den Kundenanforderungen kann eine hierarchische Ordnung eingebracht werden.
4. Gewichtung der Anforderungen von Kunden bzw. Nutzern; Prioriätenbildung
5. Erarbeitung von technische Merkmalen des angestrebten Projektergebnisses

   Ausgehend von Erfahrung und technischem Know-how werden die technischen Merkmale, möglicherweise wie bei Pkt. 2 in einer hierarchischen Ordnung zusammengestellt.
6. Zuordnung von Qualitätsmerkmalen und Qualitätszielen mit Meßgrößen zu den technischen Merkmalen
7. Anzeige der Optimierungsrichtung für die technischen Merkmale
8. Abschätzung technischer Schwierigkeiten, Eingrenzung von Problembereichen

   1............ einfach
   10.......... schwierig

9. Erstellung der Beziehungsmatrix: Kundenanforderungen versus technischen Merkmalen herausarbeiten

Die Zusammenhänge zwischen Kundenanforderungen (in der Sprache des Kunden) und technischen Merkmalen (in der Sprache der Projekttechniker) werden mittels numerischer Größen in ihrem Bezug und der Bezugsstärke dargestellt.
0............keine Beziehung 3............... starke Beziehung

10. Ermittlung und Bewertung der technischen Bedeutung der Kundenanforderungen

Die wichtigsten Merkmale für die nächsten Planungsschritte werden hier erarbeitet.
Technische Bedeutung = Gewichtung (Pkt.4) x Beziehung (Pkt. 9)
Die Summe aller „technischen Bedeutungen“ entspricht 100%. Damit ist eine relative Bedeutung (in %) der einzelnen technischen Merkmale darstellbar.

11. Bewertung durch den Kunden: Kundensicht (Projektergebnis-Benchmarking)

Für Projekte hoher Komplexität und Neuheit ist ein Benchmarkingansatz sehr schwierig bzw. nicht durchführbar. Möglicherweise können hier jedoch Lösungsalternativen für den Vergleich herangezogen werden.

12. Bewertung der technischen Konkurrenzfähigkeit

Die technischen Merkmale sowie deren Zielwert werden im Vergleich zum Wettbewerb dargestellt. Die Durchführbarkeit und Relevanz ist ähnlich Pkt. 10 zu sehen.

13. Feststellung von Zielkonflikten zwischen den technischen Merkmalen

Im Dach des House of Quality erfolgt eine Analyse der Wechselwirkungen zwischen den technischen Merkmalen unter Berücksichtigung der Optimierungsrichtungen.
Bewertungsskala: - 2............stark negativ
0...........keine Auswirkung
+ 2...........stark positiv

14. Selektion und Klärung der kritischen technischen Merkmale

Basis für diese Entscheidung sind Kundenwichtigkeit, Qualitätsziele, technische Schwierigkeiten, etc.
Die kritischen technischen Merkmale dienen falls erforderlich der QFD-Phase 2.

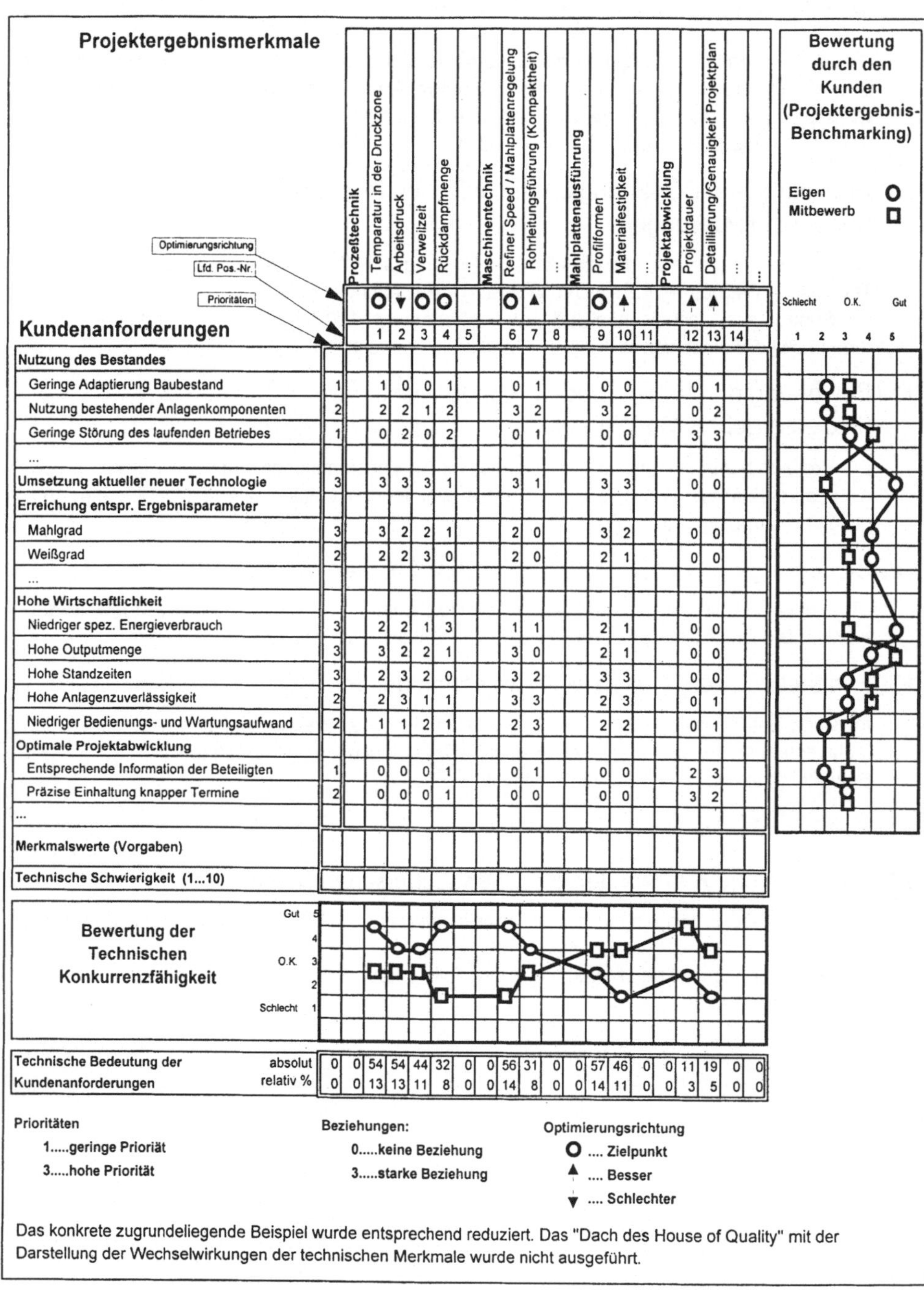

Bild 3-3 Beispiel QFD in der Projektdefinition

Die QFD-Phasen 2 und 3 sind der Projektplanung zuzuordnen. Aus diesem Grund wird erst in der Beschreibung der Phase **Projektplanung** näher darauf eingegangen (vgl. Seite 52, Kapitel 3.3, Phase Projektplanung).

3.2.5 Problemlösungsmethodik

Nachfolgend wird eine Problemlösungsmethodik präsentiert, die in Japan in vereinfachter Form vorwiegend im Rahmen der Quality Circles (Qualitätskreise) angewendet wird.

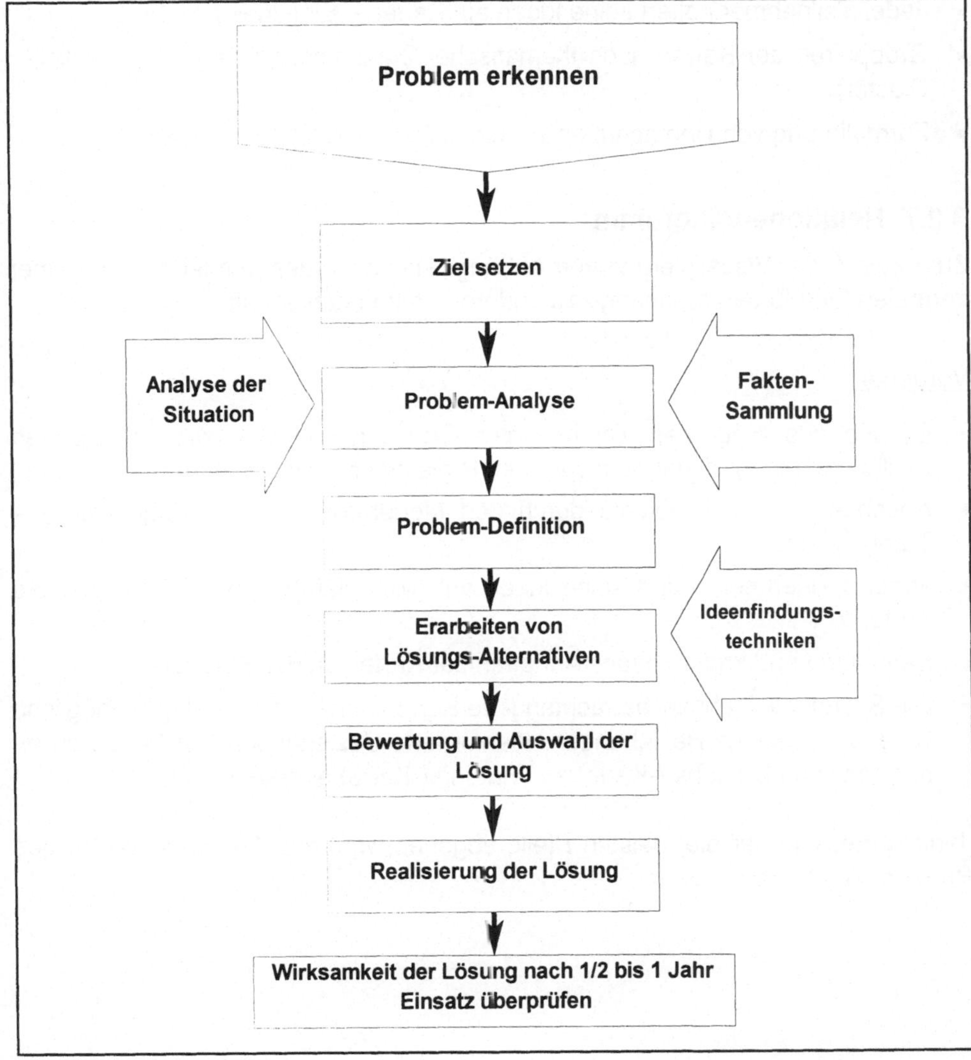

Bild 3-4 Vorgehensmodell zur Problemlösung

3.2.6 Affinitätsdiagramm

Das Affinitätsdiagramm dient der Ideensammlung und der Ordnung unstrukturierter Ideen. Durch die Bildung von Clustern wird eine Struktur geschaffen und damit die Zusammengehörigkeit einzelner Ideen aufgezeigt. Damit kann das kreative Potential einer Gruppe besser genutzt werden.

Vorgehen:

- Bildung eines Teams aus Fachleuten und Betroffenen
- Anschreiben der Fragestellungen durch den Moderator (Tafel, Flipchart)
- Jeder Teilnehmer notiert seine Ideen auf Karten – Eine Idee pro Karte
- Gruppieren der Karten nach thematischer Zusammengehörigkeit (inhaltlicher Cluster)
- Formulierung von Überschriften zu den einzelnen Gruppen (Struktur)

3.2.7 Relationendiagramm

Zum Zweck der Visualisierung von Abhängigkeiten werden ausgehend von einer zentralen Idee Zusammenhänge zu anderen Fakten dargestellt.

Vorgehen:

- Bildung des möglichen Teams unter Einbezug von zusätzlichen Experten (sollte nach Möglichkeit dem späteren Projektteam entsprechen)
- Anschreiben des Problems durch den Moderator (späterer Projektleiter) – Tafel, Flipchart
- Jeder Teilnehmer notiert seine Ideen auf (Metaplan-)Karten – Eine Idee pro Karte
- Sammlung und kreisförmiges Anheften der Karten an der Pin-Wand
- Die Sitzungsteilnehmer betrachten jede Karte einzeln und überlegen mögliche Ursache-Wirkungs-Beziehungen. Identifizierte Beziehungen werden durch einen Pfeil von Ursache (-Karte) zu Wirkung (-Karte) eingezeichnet.

Jene Karte, von der die meisten Pfeile abgehen, wird als Hauptursache für das Problem identifiziert.

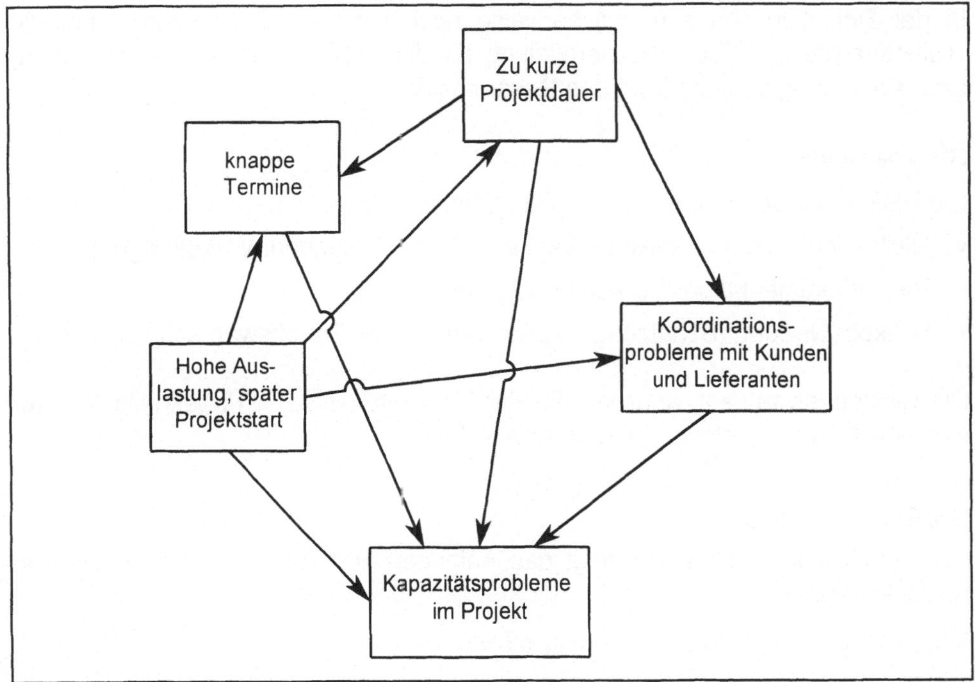

Bild 3-5 Beispiel eines Relationendiagramms

3.2.8 Risikomanagement: Risikoanalyse, FMEA

Der Abschnitt zum Risikomanagement ist zugleich im Sinne eines umfassenden Qualitätsmanagements (vgl. ISO/ DIS 10006) in Projekten zu sehen. Speziell die Integration der Risikodokumentation in die qualitätsrelevante Dokumentation des Projektes zeigt diese Beziehung auf.

Das Risikomanagement ist integraler Bestandteil des Projektmanagements. **Risikoanalyse, Risikogestaltung** und **Risikocontrolling** laufen in einem Rückkopplungsprozeß während der gesamten Projektdauer ab. Die **Risikopolitik** (risikofreudig, risikoavers) bildet die Grundlage für diesen Rückkopplungsprozeß.

Risiko sei als der verursachte Schaden eines spezifizierten Ereignisses multipliziert mit der Eintrittswahrscheinlichkeit dieses Ereignisses aufgefaßt.

Die Meßgröße ist somit Geldeinheiten!

<u>Betrachtungsgegenstände des Risikomanagements und zugeordnete Risikobereiche</u>:

- Leistungen (Qualität) technologisches Risiko
- Termine Terminrisiko
- Ressourcen, Kosten Verfügbarkeitsrisiko, Projektkosten-Risiko

In der Definitionsphase (möglicherweise noch vor dem Projektstart) dient die Risikoanalyse der Grundlagenermittlung für die Entscheidungen der Aufnahme bzw. Ablehnung aus der Sicht des Gesamtrisikos.

Risikoanalyse

Die Risikoanalyse umfaßt die Einzelaufgaben:

- Risikoidentifikation (Risiken erkennen – Arten, Ursachen, Verkettungen)
- Risikodokumentation (Risiken beschreiben)
- Risikobewertung (Schätzung von Schadenshöhe, Eintrittswahrscheinlichkeit)

Die Risikoanalyse kann entweder für das Gesamtprojekt, für Projektteile oder für einzelne Arbeitspakete vorgenommen werden.

<u>Risikoidentifikation</u>:

Bei der Risikoidentifikation erfolgt das Auffinden und Einordnen von Risiken in Risiko – Kategorien.

Möglichkeiten zur Kategorienbildung wären:

- Gliederung nach dem sachlich-inhaltlichen Projektumfeld
  (Natur, Technik, Wirtschaft, sozio-kulturell, rechtlich-politisch)
- Gliederung nach externen und internen Risiken
- Einzelrisiken und verkettete Risiken
- Auswirkungsorientierung (Leistung, Zeit, Kosten – mittelbar wirken sich definitionsgemäß alle Risiken auf die Kosten aus)
- Einzelprojekt- oder Unternehmensorientierung

<u>Risikobeschreibung</u>:

Mit Hilfe der Risikobeschreibung werden die identifizierten Risiken mit Blick auf folgende Aspekte spezifiziert:

- Einordnung in die zeitliche Lage (entsprechend der Ablaufplanung – etwa zu Projektphasen)
- Ursachen für das Eintreten des Risikos
- Indikatoren zur Beobachtung der Risikoentwicklung
- Festlegung der Auswirkung auf andere Arbeitspakete/Projektteile (Verkettung)
- vorbeugende Maßnahmen angeben (falls möglich)
- korrigierende Maßnahmen angeben

Zur praktischen Durchführung von Risikoidentifikation- und beschreibung dienen spezielle Checklisten und Arbeitsblätter (vgl. Seite 109, Kapitel 3.10, Ergänzende Hilfsmittel und Beispiele).

Risikobewertung:

Die Risikobewertung hat die Quantifizierung der identifizierten und beschriebenen Risiken zum Ziel.

Dazu eignet sich eine Expertenbefragung und weiters die Berechnung des „Erwartungswerts des Risikos“ als Produkt aus möglichem finanziellem Schaden und der Eintrittswahrscheinlichkeit.

Risikoselektion:

Die Risikoselektion hat zur Aufgabe, jene Risiken zu ermitteln, die prioritären Einfluß auf die Risikosituation des Projektes haben und vordringlich zu behandeln sind.

Das geschieht günstiger Weise mit Hilfe einer ABC-Analyse.

Failure Mode and Effect Analysis (FMEA)

Die Failure Mode and Effect Analysis (FMEA) ist ein hervorragendes Werkzeug der Risikoanalyse, das allerdings in Projektorientierten Unternehmen noch nicht sehr umfangreich eingesetzt wird.

Aufgrund des hohen Detaillierungsgrades ist die FMEA eher der späteren Projektplanung zuzuordnen und wird auch in der Phase Projektplanung näher beschrieben (vgl. Seite 52, Kapitel 3.3, Phase Projektplanung).

3.2.9 Claim Management: Claim Vorsorge, Vertragsprüfung

Ein wesentliches Qualitätsmerkmal von Projektmanagement in der Definitionsphase eines Projektes besteht darin, die Rahmenbedingungen eines Projektes so mit dem Auftraggeber vertraglich zu vereinbaren, daß Änderungen, notwendige Anpassungen und neue Erkenntnisse im späteren Ablauf des Projektes im Sinne beider Vertragspartner mit möglichst geringen Reibungsverlusten durchführbar sind.

Speziell bei Auftragsabwicklungsprojekten (Investitionsprojekte, Planungsprojekte, Beratungsprojekte, Forschungsprojekte) besteht in der Vorphase bzw. der Phase Projektdefinition diesbezüglich eine hohe Verantwortung. Hier ist es wichtig, nicht nur Vertragsprüfung im klassischen Sinn durchzuführen, sondern die wesentlichen Claim Management-Aufgaben, die während des gesamten Projektes wahrzunehmen sind, vorzubereiten. Es sind dies:

- Erkennung von Claim-Situationen
- Durchsetzung von Eigen-Claims gegenüber Anderen (Auftraggeber, Lieferanten)
- Abwehr von Fremd-Claims

Claim Management-Aufgaben sind allgemein:

- Claim-Vorsorge
- Claim-Erkennung
- Claim-Verfolgung

Die **Claim-Vorsorge** ist als Teil der Phase Projektdefinition zu sehen und beinhaltet folgende Maßnahmen, die teilweise auch schon unter anderen Aspekten genannt wurden:

- Juristische Aufgaben: klare Vertragsgestaltung und Vertragsprüfung – die frühzeitige Einbindung des juristischen Experten ist hier unbedingt erforderlich
- Nicht-juristische Aufgaben: Berücksichtigung spezieller Umfeldbedingungen, Gestaltung von Kommunikation und Dokumentation (Projektpläne, Organisationsstruktur, Protokolle, etc.)

Die **Vertragsprüfung** stellt einen Teil der Claim-Vorsorge dar. Dabei muß im Zuge der Angebotslegung und Auftragsverhandlung durch diverse Maßnahmen sichergestellt werden, daß die Anforderungen der Kunden an Produkte und Dienstleistungen entsprechend festgelegt werden und bei allen beteiligten Lieferanten und Unterlieferanten die Fähigkeiten zur Erfüllung der Vertragsanforderungen vorhanden sind.

Tabelle 3.5 Zeitliche Einordnung der Claim-Vorsorge

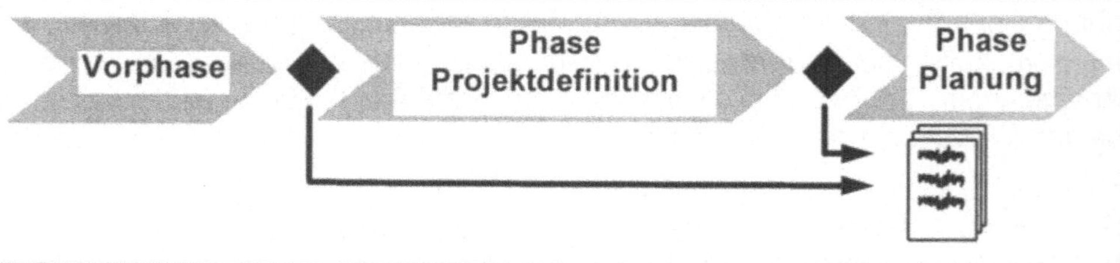

Vorprojekt-phase	Start-ereignis	**Auftragsabwicklungs-projekt**	Dokumente im Sinne von Claim-Management
Akquisitions-projekt	Auftrag, Projekt-start-sitzung	Investitionsprojekte Bauprojekte, Anlagenbau-projekte, Planungs- und Konzeptprojekte, Durchführbarkeitsstudien, Gutachten Beratungsprojekte	Auftragsbestätigung, Vorvertrag, Vertrag; Protokoll der Projekt-startsitzung, Projektkurzbeschreibung (aus der Vorphase – Akquisition abgeleitet); Vertrags-prüfungsunterlagen Projektname bzw. Projekt-nummer Grundlagen für die detaillierte Projektplanung

Im Zuge der Vertragsprüfung sind folgende Dokumente nach definierten Verfahren zu überprüfen:

- Anfragen
- Angebote
- Auftrag (Auftragsbestätigungen)
- Beschaffungsunterlagen, Subaufträge
- Interne Aufträge, Projektkurzbeschreibungen, Besprechungsprotokolle

Die wichtigsten Überpüfungskriterien sind:

- Eindeutigkeit
- Vollständigkeit
- Machbarkeit
- Nachvollziehbarkeit
- Risiko/Umfeldanalyse
- Konformität mit den Kundenforderungen

Vor einem Vertragsabschluß ist zu überprüfen, ob alle Vereinbarungen, die sich im Zuge der Verhandlungen ergeben haben, eindeutig, machbar und dokumentiert sind. Dies betrifft vor allem die kundenseitig beizustellenden Leistungen.

Alle wesentlichen Schritte der Angebotslegung und Auftragsverhandlung für Projekte sowie die Schnittstellen sind üblicherweise im Projektmanagement-Leitfaden zusammengefaßt.

3.2.10 Qualität der Phase Projektdefinition

Die Erfassung der Qualität der Phase Projektdefinition muß, so wie im Projektmanagement als Dienstleistung generell, auf zwei Aspekte Bezug nehmen.

Qualität des Ergebnisses der Phase Projektdefinition

Das Ergebnis der Phase Projektdefinition liegt im wesentlichen als Projektdefinition in schriftlicher Form vor.

Darin sind die Produkt-Qualitätskriterien (Hardware, Software) bezüglich sämtlicher Anforderungen bzw. Funktionen samt zugehörigen Qualitätsmerkmalen festgelegt. Wichtig sind die klaren Meßgrößen und die mit dem Auftraggeber festgelegten Abnahmekriterien.

Weiteres Ergebnis der Definitionsphase sind grobe **Prozeßkriterien** (Hauptaufgaben, Termine, Kommunikationsvereinbarungen, Qualitätsmerkmale des Erstellungsprozesses, organisatorische Vereinbarungen, Claim-Vorsorge, etc.), die in weiterer Folge Grundlage für die Projektplanung und -durchführung sind.

Falls die Phase Projektdefinition Inhalt eines Akquisitionsprojektes ist, wird mit Hilfe der Ergebnisse, Angebot und Auftrag, die im Nachfolgeprojekt zu erbringende Leistung spezifiziert. Das Ende der Phase Projektdefinition ist mit der Auftragserteilung gleichzusetzen. Hier sind die Prüfung des Vertrages, die Klärung von offenen Punkten und die Machbarkeitsprüfung wesentliche Qualitätsmerkmale. Entwicklung und Änderung der Phase Projektdefinition sollten unbedingt nachvollziehbar sein.

Für interne Projekte wird aus der erstellten Projektdefinition ein interner Projektauftrag abgeleitet bzw. konkretisiert.

Qualität des Prozesses der Phase Projektdefinition

Die Gestaltung der Phase Projektdefinition, die Einbindung von Kunden, Nutzern, sonstigen Umfeldgruppen und Mitarbeitern sowie die Kompetenz in Lösungssuche, Alternativenbildung und Konsensfindung im Projektteam sind prozeßorientierte Aspekte der Qualität der Definitionsphase.

Die Kommunikation und Beziehungsgestaltung mit Kunden und Umfeldgruppen stellen wesentliche Qualitätsmerkmale dar. Die Dokumentation und Nachvollziehbarkeit der Beziehungsentwicklung ist außerordentlich wichtig.

Trotz knapper Termine muß der Phase Projektdefinition entsprechendes Gewicht gegeben werden, da andernfalls fehlende Akzeptanz erarbeiteter Lösungen oder mangelnde Information zum Lösungsweg im späteren Projektverlauf zu erheblichen Mehraufwendungen führen.

Besonders hier kommt die „Zehnerregel der Fehlerkosten“ zum Tragen, da im Zuge der Phase Projektdefinition verabsäumte Arbeit in weiteren Phasen (Projektplanung, Projektabwicklung) zu zehnfachem Mehraufwand führen.

Die Schwierigkeit, für eine Phase Projektdefinition entsprechende Zeit, Mittel und Akzeptanz zu erhalten, liegt darin, daß dieser Aspekt der Qualität von Kunden kaum explizit als Erwartung formuliert, jedoch implizit erwartet wird.

Direkter Sofortnutzen ist kaum darstellbar. Die Nutzenargumentation kann bloß über Opportunität (z.B. Einsparungen zufolge wegfallender Planänderungen) glaubhaft funktionieren.

3.3 Phase Projektplanung

Die Phase der Projektplanung, d.h. die detaillierte Planung des Projekts, baut auf den Inhalten der Phase Projektdefinition auf. Die Phase Projektplanung beinhaltet die Planung des Projekterstellungsprozesses mit allen zugehörigen Aspekten.

Diese Phase der Projektplanung beinhaltet nicht die technisch/technologische Planung des Produktes (Design, Engineering). Letzteres ist inhaltliche Planungsarbeit und damit Teil der Phase Projektabwicklung (bei Produktentwicklungsprojekten).

Tabelle 3.6 Methoden und Aufgaben in der Phase Projektplanung

	Management in der Phase Projektplanung			
Blick-winkel:	Projekt-management	Qualitäts-management	Risiko-management	Claim Management
Methode Aufgabe	Planung der Organisation Planung des Informationssystems (Dokumentation, Information und Schnittstellen) Aufgabenplanung (Aufgabenliste, Projektstrukturplan) Terminplanung (Terminliste, Balkenplan, Netzplan) Ressourcen- und Kostenplanung	Qualitätsplanung QFD-Phase 2, Phase 3 Ishikawa-Diagramm Konfigurations-management-planung	FMEA	Claim-Erkennung Claim-Vorsorge

3.3.1 Planung und Festlegung der Projektorganisation

Die Planung und Festlegung der Projektorganisation wird im Rahmen der durchgehenden Begleitphase Organisation dargestellt (vgl. Seite 102, Kapitel 3.8, Begleitphase Projektorganisation und Teamarbeit).

3.3.2 Planung des Informationssystems

Die Planung des Informationssystems umfaßt die Planung aller Aktivitäten und Instrumente zum Austausch der relevanten Informationen zum Projekt. Das Informationssystem umfaßt die projektinterne Information und die Information an den Schnittstellen zu Kunden, Partnern, Lieferanten und Umfeldgruppen und bezieht sich auf schriftliche und mündliche Informationen als Gesamtheit.

Das Ziel der Planung des Informationssystems ist die Sicherstellung einer, den spezifischen Projektgegebenheiten entsprechenden Lösung mit möglichst kurzen und direkten Informationswegen. Weiters sollte der übersichtliche Zugang zu nötigen Projektinformationen für die betroffenen Mitarbeiter im Projekt sichergestellt werden.

Gleichzeitig stellt die **gezielte Lenkung, Ablage und Behandlung kritischer Informationen** in gesetzlich festgelegten Fristen eine wichtige Maßnahme dar, was eine Voraussetzung für ein effizientes Claim Management ist. Beispiele dafür sind:

- Mängelrügen und deren Beantwortung (durch Fristversäumnis entsteht Anerkennung von Mängeln bzw. Minderleistungen)
- Protokolle von Projektbesprechungen mit Kunden, Partnern und Lieferanten

Ein funktionierendes Informationssystem unterstützt weiters die Aufgaben des Konfigurationsmanagements (vgl. ISO 10007).

- Dokumentation von Konfigurationseinheiten
- Numerierung der Konfigurationsdokumente
- Konfigurationsbuchführung (Aufzeichnungen und Berichte)

Durch ein funktionierendes Informationssystem erfolgt auch die Sicherstellung von Lernergebnissen für zukünftige Projekte (Nachvollziehbarkeit) und damit die Grundlage für Korrektur- und Vorbeugemaßnahmen.

Die Grundzüge des Projektinformationssystems und die Struktur der Mindestanforderungen sind üblicherweise im Projektmanagement-Leitfaden zusammengefaßt. (vgl. Seite 173, Kapitel 4.4.5, Der Projektmanagement-Leitfaden – QM-Instrument im Projektorientierten Unternehmen)

Tabelle 3.7 Kommunikationsarten und Informationsfluß

Kommunikation – Informationsfluß		
Mündliche Kommunikation (Sitzungen, etc.)	Schriftliche Kommunikation (Berichtswesen)	Dokumentation (Informationsablage)
• Informelle Gespräche • Projektstartsitzung • Koordinationssitzungen • Projektabschluß-Sitzung	• Projektdefinition • Projektfortschritts-Berichte • Protokolle zu Sitzungen (intern, extern) • QM-Dokumente (Aufzeichnungen, Prüfprotokolle, etc.) • Projektabschluß-Bericht	• Projekthandbuch • Projekt – Ablage • Technische Dokumentation

Tabelle 3.8 Planung eines Informationssystems

Planungsaspekt	Planungsgegenstände
Zweck (Wozu?)	Sachinformation, Überzeugung/Einstellungsänderung, Meinungseinholung
Adressaten (An wen?)	Projektleiter, Team, Kunde, (interner) Auftraggeber, Qualitätsmanager, Linienmanager, Entscheidungsgremien, relevante Umfeldgruppen
Informationsmittel (Wie?)	Informelle Gespräche, formelle Besprechungen, Sitzungen, Workshops, Projektauftrag, (Status)Berichte, Protokolle, Projekthandbuch, etc.
Inhalte Was? Worüber?	Technische Inhalte, Projektstatus, Zwischen- und Endergebnisse
Zeitpunkt Wann?	periodisch oder auf Anlaß

Vorgehensschritte im Aufbau eines Projekt-Informationssystems

- Definition der wichtigen Informationen (in Abstimmung mit den Schnittstellen)
- Planung und Vereinbarung der Adressaten von Informationen – Festlegung eines „Projekt-Verteilers“ intern und extern, um Leerläufe und Fehlzustellungen bzw. Verzögerungen zu vermeiden
- Definition der Schnittstellen (Kontaktsituationen und Kontaktpartner)
- Information aller Schnittstellen im Unternehmen (Sekretariat, Posteingang, Telefonzentrale, etc.) über Projektstart, Projektname, Projektleiter, Projektverteiler und die entsprechenden Informationswege
- Regeln für die Informationsweitergabe im Projektteam sowie im Unternehmen (was ist Holschuld, was ist Bringschuld) in Abstimmung mit den Regeln des QM-Systems
- Vereinbarung von Art und Häufigkeit der Projektsitzungen (die Mindesterfordernisse – Startsitzung – Koordinationssitzung – Abschlußsitzung ist im Projektmanagement-Leitfaden festgelegt)
- Vereinbarung der notwendigen Berichte und möglicherweise eines gemeinsamen einheitlichen Projekthandbuchs (Stammablage der Projekt-/Prozessdaten)
- Vereinbarung eines gemeinsamen, einheitlichen Ablagesystems für die technische Projektablage (Technische Dokumentation)

In der Gestaltung des Projekt-Informationssystems ist hohe Gewichtung auf die direkten informellen Beziehungen im Projekt zu legen. Für informelle Kontakte sind entsprechende Gelegenheiten einzuplanen. Dabei ist durchaus der Mut zu weniger Perfektion angebracht. Auch handschriftliche Protokolle sind für den internen Gebrauch oft ausreichend.

Die Informationsgestaltung hat wesentlichen Einfluß auf die von Kunden und Umfeldgruppen wahrgenommene Prozeßqualität. Die Begründung dafür liegt in der Tatsache, daß mangelhaft empfundene Information Unsicherheit und damit Unzufriedenheit verursacht.

Mündliche Kommunikation – Sitzungen in Projekten

Folgende Sitzungen finden in Projekten üblicherweise statt.

- Projektstartsitzung
- Koordinationssitzungen
- Projektabschlußsitzung

Die Prozeßqualität der Projektabwicklung hängt zu einem großen Teil von der Form und Effizienz der durchgeführten Sitzungen ab. Für die unterschiedlichen Sitzungen ist folgend eine Übersicht mit den wesentlichsten Punkten zusammengestellt. In der Phase der Projektplanung ist die Projektstartsitzung von Bedeutung. Koordinations- und Projektabschlußsitzung werden in den Kapiteln Controlling und Projektabschluß behandelt.

Tabelle 3.9 Projektstartsitzung – Ausgangssituation, Ziele und Vorgehen

Sitzung	Ausgangssituation	Ziele	Vorgehen
Projekt-Start-Sitzung „Der Grundstein für ein erfolgreiches Projekt wird beim Projektstart gelegt“.	Projekte werden meist unter Zeitdruck durchgeführt. Daher hat häufig die rasche Erfüllung von Teilleistungen und nicht die Projektplanung und Projektorganisation Priorität. Damit verbunden sind eine Reihe von Nachteilen und auch Kosten • unrealistische und unklare Projektziele • keine ganzheitliche Problemsicht bei den Projektmitarbeitern • keine einheitliche Identifikation mit dem Projekt • zuwenig Sensibilität für das Umfeld • zuwenig Verbindlichkeit bezüglich der Einzelleistungen bei den Projektmitgliedern • unklare Rollenerwartungen	• Ganzheitliche Problemsicht • Konzentration auf das Projekt zu Projektbeginn • Entwicklung einer gemeinsamen Sprache, eines Wir-Gefühls und eines konstruktiven Arbeitsklimas • Verbindlichkeit bezüglich der Projektziele • Gemeinsame Entwicklung und Verabschiedung von Projektplänen zur Sicherung einer einheitlichen Projektsicht (Akzeptanz) • Aufbau einer entsprechenden Projektorganisation • Sicherung der Unterstützung durch das Top-Management	Durchführung einer Projektstartsitzung • Ziele und kritische Erfolgsfaktoren • Phasen/Meilensteine • Organisation Projektleiter, -auftraggeber, -team • Erstellung der Struktur für die Projektdokumentation • Abstimmung mit dem Auftraggeber/Kunden

Zur Sicherung der Qualität (Effektivität und Effizienz) der Projektsitzungen sind folgende Maßnahmen unbedingt erforderlich:

Vorbereitung

- rechtzeitige Einladung
- Tagesordnung, Ziele/Zweck
- Ort, Zeit, Dauer, Teilnehmer
- Vorinformation

Durchführung

- Rollenklärung
- Zeitbudget, Ablauf, Zielvereinbarung
- Visualisierung, Dokumentation von Ergebnissen
- Aufgabenverteilung
- Vereinbarung der weiteren Vorgangsweise

Nachbereitung

- Zusendung Protokoll

Gruppengröße:

Die optimale Teilnehmerzahl ist nicht generell angebbar. Sie hängt von den Situationsbedingungen ab. Gruppengröße zwischen 3 und 7 Mitgliedern ist zu empfehlen. Entscheidungsgruppen sollten nicht wesentlich mehr als 10 Personen umfassen. Dies gilt besonders dann, wenn der Entscheidungsprozeß ohne neutrale (interne oder externe) Berater oder Moderatoren durchgeführt wird.

Häufigkeit:

Generell kann zwischen periodischen und ad hoc (bei Bedarf) einzuberufenden Sitzungen unterschieden werden. Bestimmend für die Häufigkeit von Sitzungen sind:

- Projektlaufzeit
- Dynamik, Neuartigkeit, Komplexität des Projektes
- Art und Notwendigkeit der Bearbeitung der Aufgaben

Räume:

Für Projektgruppen ist es hilfreich, sich für die gleiche Sitzung immer im gleichen Raum zu treffen; dies unterstützt den Gruppenprozeß.

Bei der Auswahl des Raumes ist neben den technischen Qualitäten wie Größe, Lage, Beleuchtung, Luft, Lärm, Ausstattung mit Medien auch noch die symbolische und historische Bedeutung von Einfluß:

- Welche Assoziationen verknüpfen die Teammitglieder mit diesen Räumen?
- Befindet man sich im „Feindesland“ oder auf vertrautem Boden ?
- Hat der Ort etwas mit dem Inhalt des Projektes zu tun ?

Methodische Hilfsmittel zur Teamarbeit

Arbeitsformen: Einzelarbeit, Paararbeit, Kleingruppenarbeit, Arbeit im Plenum;

Methoden:

- Brainstorming, Brainwriting, Kartenabfragen, Mindmapping, usw.
- Problem- oder Themenspeicher, Punkt-Abfragen, Punktebewertungen, Szenarios (textlich, bildlich), etc.
- Informationsmarkt
- Blitzlicht, Feedback-Runden

Visualisierungsmittel:

Menschen verfügen über fünf Wahrnehmungskanäle. Vornehmlich wird oft bloß das Ohr eingesetzt. Visualisierung bei Projektarbeit kann die Qualität der Informationsaufnahme deutlich erhöhen.

Hilfsmittel zur Visualisierung:

- Overheadprojektor, Overheadfolie, Stifte
- Flip-Chart, Flip-Chart-Block, Stifte
- Moderationstafel, Packpapier, Moderationskarten, Stifte
- Klebepunkte, Schere, Klebstoff etc.
- Computer in Verbindung mit Data-Show

Schriftliche Informationen – Berichte und Dokumentation

Tabelle 3.10 Berichte und Dokumentation in der Planungsphase

Bericht	Adressat	Zeitpunkt	Inhalt, Umfang
Projekt-definition mit Projektauftrag	Interner Auftraggeber, alle Mitglieder der Projektorganisation	Zu Projektbeginn und bei wesentlichen Planänderungen	Problemstellung/Zielsetzung Umfeldanalyse, Projekteckdaten (Hauptaufgaben, Meilensteine), Projektorganisation 1 – 4 Seiten (ohne Beilagen)
Protokolle von Projektteam-sitzungen	Projektteammitglieder, Projektleiter, von den Ergebnissen betroffene Stellen	nach jeder Sitzung	Besprechungsinhalte, Ergebnisse, Termine und Durchführungsverantwortliche; Umfang knapp; Stichwortprotokoll; evtl. handschriftlich
Projekthandbuch (incl. Konfigurationsbuch)	Gesamte Projektorganisation	Erstansatz zu Beginn; Updating in regelmäßigen Abständen; z.B. vierteljährlich	Instrument für große, komplexe Projekte mit vielen Beteiligten Am besten als Lose-Blatt-Sammlung zum leichteren Austauschen und Ergänzen
Projekt-journal, Tagebuch	Projektleitung	laufend	Gebunden, Dokumentation des Projektablaufes

Ablagesystem

Die Planung des Ablagesystems dient der Sicherstellung eines schnellen und übersichtlichen Zugriffs auf alle Projektdokumente zunächst während der Projektdauer. Weiters bildet es später die Basis für Nachvollziehbarkeit, um die Lernchance, die jedes abgeschlossene Projekte bietet, zu nutzen.

Wichtige Daten sind für zukünftige gleichartige Projekte leicht zugänglich.

Die Basis für das Ablagesystem bildet idealerweise die Aufgaben- oder die Objektstruktur (vgl. Aufgabenplanung)

Codierungssysteme für die technischen Pläne etc. entsprechen meist hausüblichen Strukturen oder basieren auf der Projektstrukturcodierung. Die entsprechenden Regeln sind üblicherweise im QM-System festgelegt und im Projektleitfaden zusammengefaßt.

Tabelle 3.11 Inhaltsverzeichnis eines Projekthandbuchs

Inhaltsverzeichnis – Projekthandbuch
1. Problemstellung und Zielsetzung des Projektes
2. Projektabgrenzung und Projektumfeld Projektdefinition Projektumfeldanalyse
3. Projektplanung Planung der Projektleistung (Projektstrukturplan, Beschreibung ausgewählter Arbeitspakete, Qualitätsplan) Planung der Projekttermine (Meilensteinliste, Balkenplan) Planung der Ressourcen und Projektkosten Qualitätsplanung Konfigurationsmanagementplanung
4. Konfigurationsmanagement Konfigurationsbuch – Bezugskonfiguration und alle Änderungen derselben Konfigurationsberichte
5. Projektorganisation Projektorganigramm Rollen im Projekt und Zusammensetzung der Teams Funktionendiagramm, Aufgaben und Verantwortungsverteilung Regeln, Werte und Normen
6. Kommunikation im Projekt Projektinformationssystem Dokumentation und Ablage Projektfortschritts-Berichte
7. Verteiler

3.3.3 Objektstrukturplanung

Der Objektstrukturplan (OSP) stellt die einzelnen Objektteile des Projektes und deren Zusammenhänge, somit die Gliederung des Produkts, graphisch oder in Listenform dar.

Gliederungskriterien können dabei unterschiedliche Funktionen, unterschiedliche Fachbereiche, verschiedene Standorte oder auch Kriterien zufolge QFD oder Konfigurationsmanagement sein:

- Bauteile, Bauabschnitte
- Funktionseinheiten, Komponenten, Module
- Sublieferanten, Gewerke
- Risiko, Sicherheitsaspekte
- Komplexität, Neuartigkeit/neue Technologie
- Wartungsaspekte, Logistikaspekte

Der OSP ist eine wesentliche Grundlage für die nachfolgende Projektstrukturplanung, für das QFD und Konfigurationsmanagement und dient der Schaffung einer gemeinsamen Sichtweise für die Projektteammitglieder und die Vertreter des relevanten Projektumfeldes in Bezug auf die zu bearbeitenden Objekte eines Projekts.

Eine grobe Objektstruktur liegt meist zum Projektstart als Ergebnis einer Definitionsphase (Akquisitionsprojekt) vor, da die Objektstruktur zugleich als Kalkulationsgrundlage benötigt wird.

3.3.4 Aufgabenplanung, Projektstrukturplan

Der Projektstrukturplan (PSP) ist eine Gliederung des Projektes in plan- und kontrollierbare Aufgaben (Arbeitspakete). Der PSP stellt die Aufgaben bzw. Arbeiten im Projekt (Projektleistungen) grafisch (Baumstruktur) oder auch in Listenform nach unterschiedlichen Gliederungskriterien dar.

Der Projektstrukturplan ist ein grundlegendes Instrument im Projektmanagement, er dient als strukturelle Basis für alle weiteren Planungen (Terminplan, Ressourcen- und Kostenplan) und ist ebenso Basis für ein projektbezogenes Ablagesystem.

Der PSP ist hingegen kein Terminplan und kein Abbild der Projektorganisation.

Die Erstellung des Aufgabenplanes – des Projektstrukturplans – erfolgt idealerweise unter Einbezug der Beteiligten im Team mit grafischen Hilfsmitteln.

Zur Erstellung können verschiedene Gliederungsprinzipien (z.B. funktionsorientiert, objektorientiert, phasenorientiert) zugrundegelegt werden, wobei diese Gliederungsgesichtspunkte in den einzelnen Ebenen wechseln können. Der Gliederungscode sollte im Dezimalsystem aufgebaut sein.

Vorgangsschritte bei der Erstellung des Projektstrukturplans:

Bei der Zergliederung wird schrittweise ein Oberbegriff in seine Komponenten zerlegt. Dabei kann nach folgenden Grundsätzen vorgegangen werden.

- Anschreiben des Gesamtprojekts (1. Ebene)
- Definition von alternativen Gliederungen für das Projekt
- Auswahl einer geeigneten Gliederung für die 2. Ebene
- Zergliederung jedes einzelnen Arbeitspaketes der 2. Ebene, fortlaufend für die weiteren Ebenen

Die Zergliederung kann nach folgenden Grundsätzen vorgenommen werden:

- deduktiv „top down" („vom Groben ins Detail")
- induktiv „bottom up" (Zusammensetzung der Elemente zu einer Struktur)
- im Gegenstromverfahren (Kombination beider Ansätze)

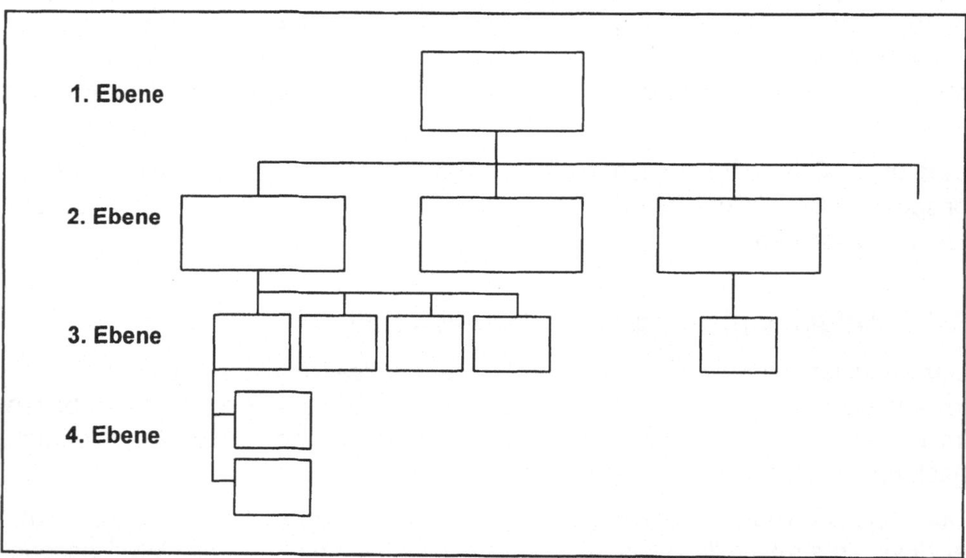

Bild 3-6 Projektstrukturplan (PSP) als Baumstruktur

Der Projektstrukturplan oder Aufgabenplan (in Listenform) stellt eine Mindestanforderung an die Projektplanung in Projekten dar.

Für die Zerlegung der 1. Ebene in die zweite Ebene ist häufig eine Phasenstruktur von großem Vorteil.

Eine typische Phasenstruktur wurde für alle Lebensphasen eines Produktes bereits dargestellt (vgl. Seite 30, Kapitel 2.5, Das Phasenkonzept).

3.3.5 Ablauf- und Terminplanung

Hohe Qualität in der Terminplanung bedeutet keinesfalls die Verwendung möglichst aufwendiger Instrumente, sondern die Auswahl und den Einsatz einer projektspezifisch passenden, möglichst einfachen Methode.

Bei der Planung von Abläufen und Terminen stehen, nach zunehmendem Informationsbedarf geordnet, unter Berücksichtigung der Verwendung von Projektmanagement-Software, folgende Methoden zur Verfügung.

Tabelle 3.12 Terminplanungsinstrumente und deren Informationsbedarf

Instrument	Enthält Information über
Terminliste (Tabellen) Meilensteinliste	Vorgänge (Aufgaben) Anfangs- oder Endtermine (von außen vorgegebene Termine)
Balkenplan (gezeichnet)	Vorgänge (Aufgaben) Terminliche Lage und Dauer der Aufgaben (grafisch)
Netzplan Vernetzter Balkenplan	Vorgänge (Aufgaben) Abhängigkeiten der einzelnen Vorgänge Anfangs- und Endtermine Kritischer Weg, Kritizität von Vorgängen
Geschwindigkeits-diagramm	Lage/Dauer der einzelnen Vorgänge Arbeitsfortschritt in der Zeit

Terminliste, Meilensteinliste

Die Terminliste enthält eine Listung der Bezeichnungen und (meist) der Endtermine der einzelnen Vorgänge, jedoch keine technologischen Zusammenhänge oder Abhängigkeiten.

Eine **Meilensteinliste** als spezielle Ausprägung einer Terminliste stellt die Termine einiger zentraler Projektereignisse, Meilensteine, dar.

Balkenplan (gezeichnet)

Der Balkenplan ist eine grafische Umsetzung der Terminliste unter Miteinbezug der Dauern als Durchlaufzeiten. Aus dem Balkenplan sind die terminliche Lage und die Dauer der Vorgänge ersichtlich.

Die Vorgänge sind im Balkenplan als zeitproportionale Balken dargestellt.

Der Balkenplan ist das zentrale Visualisierungsinstrument der Terminplanung einzelner Vorgänge oder Arbeitspakete und ein wichtiges Kommunikationsinstrument für das Projektmanagement. Weiters stellen Balkenpläne ein einfaches Hilfsmittel zur Projektsteuerung und für die Abweichungsanalyse dar.

Netzplan

Für das Arbeiten mit der Netzplantechnik gibt es umfangreiche Normen (ÖNORM 6770, DIN 69900, BS 4335).

Der Netzplan ist eine grafische Darstellung des Projektes (oder eines Projektteils), in dem alle Vorgänge und deren technologische Beziehungen zueinander ersichtlich sind. Diese Ablauflogik eines Projektes wird durch Zeitwerte, betreffend die frühesten und spätesten Lagen der Vorgänge ergänzt. Diese Zeitwerte sind im Netzplan numerisch eingetragen, d.h. Ablauflogik und Zeitwerte sind zwei getrennte Planungsschritte.

Der Netzplan hat den höchsten Informationsgehalt, man braucht zu seiner Erstellung aber auch die meisten Daten.

Zur Erstellung und Ausführung von Netzplänen wurden unterschiedliche Arten von Netzplan-Techniken entwickelt:

- Vorgangsknoten-Netzplan (heute fast durchwegs anzutreffen)
- Vorgangspfeil-Netzplan
- Ereignisknoten-Netzplan
- Parameter- und ablaufstochastische Netzpläne

Netzpläne werden vorwiegend mit EDV-Unterstützung erstellt, wobei primär Vorgangsknotennetzpläne zum Einsatz kommen. Dabei können aus erstellten Netzplänen automatisch Balkenpläne, vernetzte Balkenpläne und auch Terminlisten hergestellt werden. Damit rückt die Frage der gewählten Methode zur Ablauf- und Terminplanung immer mehr in den Hintergrund.

Stellvertretend wird nachfolgend der wichtigste Vertreter, der Vorgangsknotennetzplan, näher behandelt:

Vorgangsknotennetze

Das prinzipielle Vorgehen bei der Erstellung von Netzplänen (Ablauf- und Terminplanung) ist in der Graphik am Ende dieses Abschnittes zusammengefaßt. Zunächst noch folgende Begriffsklärungen:

<u>Vorgang, Vorgangsliste (Aufgabenliste)</u>

Ein Vorgang ist ein zeiterforderndes Geschehen mit definiertem Anfang und Ende. Er ist dadurch gekennzeichnet, daß seine Durchführung die Bereitstellung von Einsatzmitteln erfordert und damit Kosten verursacht.

Ein Vorgang wird theoretisch ohne Unterbrechung abgewickelt (Annahme) – ansonsten zerfällt er planungstechnisch in Teilvorgänge.

Eine Zusammenstellung sämtlicher Vorgänge liefert die Vorgangsliste.

Vorgangsdauer

Die Vorgangsdauer ist die Zeitspanne vom Anfang bis zum Ende eines Vorgangs. Methoden zur Bestimmung der Dauer:

- Schätzung
- Zerlegung, bis beherrschbare Größe erreicht wird
- Berechnung
- statistische Verfahren

Die Ermittlung von Vorgangsdauern basiert auf der Überlegung einer „Durchlaufzeit". Dauern werden in der Einheit der Terminplanung erfaßt (Wochen, Tage), nicht in Personen(Mann)-Tagen!

Dauernschätzungen werden am besten durch erfahrene Experten bzw. durch die Verantwortlichen durchgeführt. Sie bauen gedanklich auf einem „normal üblichen Mitteleinsatz" auf. Die Art und Menge des Mitteleinsatzes beeinflußt natürlich die Ausführungsdauer eines Vorgangs sowie die anfallenden Kosten.

Anordnungsbeziehung

Eine Anordnungsbeziehung ist eine quantifizierbare Abhängigkeit zwischen Ereignissen der Vorgänge. Die Festlegung aller Anordnungsbeziehungen umfaßt die Darstellung aller unmittelbaren Abhängigkeiten der Vorgänge bzw. deren Ereignisse sowie die Art der Abhängigkeit.

Die Feststellung der Anordnungsbeziehungen in einem Projekt, d.h. die Erzeugung einer detaillierten Ablauflogik, wird je nach Projektgröße unterschiedlich durchgeführt. Bei kleinen Projekten (weniger als 100 Vorgänge) wird die Ablaufstruktur in einem Zug erarbeitet, bei größeren Projekten wird zuerst eine Grobstrukturierung und im zweiten Schritt eine Detailstrukturierung besonders interessierender Ablaufabschnitte vorgenommen.

Meist werden zunächst durchgehend Normalfolgen angesetzt, die erst in einem weiteren Planungsschritt durch exakter abbildende Anfangs- bzw. Endfolgen ersetzt werden (insbesondere entlang des kritischen Weges).

Nachfolgermethode zur Logik-Entwicklung:

- womit wird begonnen?
- was folgt nach?
- welcher Art ist die Beziehung zum Nachfolger?

Vorgängermethode:

- was liegt zum Ende vor?
- welche Arbeiten (Vorgänge) müssen unmittelbar vorher erledigt bzw. welche Ereignisse müssen vorher eingetreten sein?
- welcher Art ist die Beziehung zum Vorgänger?

Für die Anordnung sind im wesentlichen zwei Aspekte zu berücksichtigen:

- technologisch bedingte Abhängigkeiten
- zeitlich/terminlich bedingte Abhängigkeiten, d.h. Randbedingungen, die von außen vorgegeben sind (Fixtermine mit Einschränkungen)

Abhängigkeiten bedingt durch Beschränkungen beim Ressourceneinsatz sollten in dieser frühen Phase der Terminplanung noch nicht berücksichtigt werden, da man sich sonst leicht auf ein Suboptimum zubewegt.

Konkret stellen Anordnungsbeziehungen die Abhängigkeit von Anfangs- oder Endpunkt des Vorgängers zu Anfangs- oder Endpunkt des Nachfolgers dar.

- **Normalfolge** **EA** Anfang Nachfolger hängt vom Ende Vorgänger ab
- **Anfangsfolge** **AA** Anfang Nachfolger hängt vom Anfang Vorgänger ab
- **Endfolge** **EE** Ende Nachfolger hängt vom Ende Vorgänger ab
- **Sprungfolge** **AE** Ende Nachfolger hängt vom Anfang Vorgänger ab

Die Zeitrechnung im Vorgangsknotennetz kann grafisch wie folgt dargestellt werden:

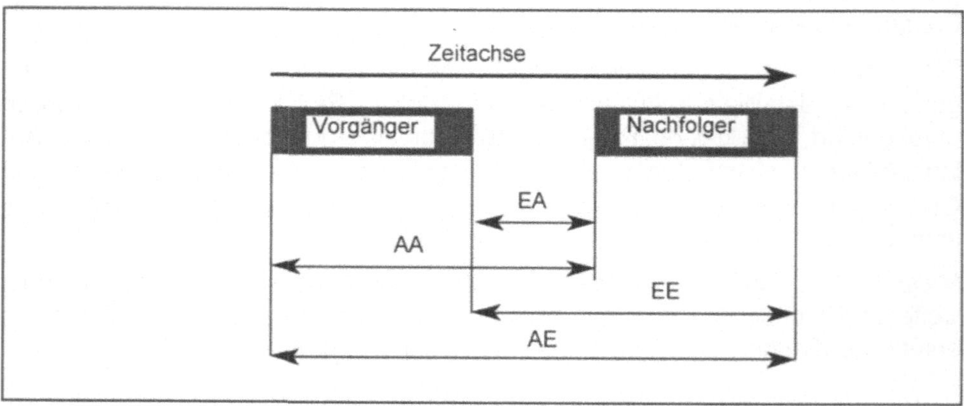

Bild 3-7 Darstellung und Umrechnung der unterschiedlichen Anordnungsbeziehungen

Zeitplanung als Fristen- oder Terminrechnung

Die Zeitplanung, die mit den vorher beschriebenen Methoden umgesetzt wird, umfaßt folgende Schritte:

- **Fristenplanung** (Relativdauern, beginnend am günstigsten mit T = 0)
- **Terminplanung** (Kalenderdaten, basierend auf dem definierten Projektkalender)

In der Netzplantechnik werden bei der Zeitanalyse für jeden zu berechnenden Zeitpunkt zwei Extremwerte bestimmt. In der progressiven Rechnung (Vorwärtsrechnung) wird ein frühest möglicher Zeitpunkt errechnet, in der retrograden Rechnung (Rückwärtsrechnung) ein spätest erlaubter Zeitpunkt.

Rechenregeln für das Vorgangsknotennetz unter ausschließlicher Verwendung von Normalfolgen:

Vorwärtsrechnung (früheste Lage):

1. Start: $FAZ_{Start} = 0$
2. Ende Vorgang i $FEZ_i = FAZ_i + D_i$
3. Anfang Nachfolger j $FAZ_j = MAX$ (FEZ_i aller Vorläufer von j)

Rückwärtsrechnung (späteste Lage):

1. Ende $FEZ_{Ende} = SEZ_{Ende}$
2. Anfang Vorgang l $SAZ_l = SEZ_j - D_l$
3. Ende Vorläufer k $SEZ_k = MIN$ (SAZ_l aller Nachfolger von k)

Nach Durchrechnung mit Hilfe dieses Algorithmus liegen für jeden Vorgang vier Zeitpunkte vor, die folgendermaßen im Netzplan vermerkt werden:

Informationen im Netzplanknoten	Beziehungen der Zeitwerte
Vorgangs-Nr. **Vorgang** FAZ | Dauer | FEZ SAZ | | SEZ	$SAZ \geq FAZ$ $SEZ \geq FEZ$ $SAZ - FAZ = SEZ - FEZ$

Bild 3-8 Netzplanknoten (entsprechend Vorschlag DIN 69 900)

Projektkalender (Kalendrierung)

In der Fristenplanung werden die Anfangs- und Endzeitpunkte aller Vorgänge, bezogen auf den Zeitpunkt Null, dem Projektstart bestimmt.

Die in Planungseinheiten (z.B. Werktage) errechneten Vorgangszeitpunkte (Relativdaten) müssen anschließend in Kalenderdaten übergeführt werden, um eine Terminplanung zu erhalten. Fixtermine sind von vornherein in Kalenderdaten angegeben.

Für die Umrechnung in Kalendertermine muß somit mindestens ein Projektkalender definiert werden, in dem alle Arbeitstage des in Frage kommenden Zeitraums enthalten sind. Bei den meisten EDV-gestützten Projektmanagement-Programmen erfolgt die Umrechnung in Kalenderdaten automatisch.

Bei großen (internationalen) Projekten oder auch Konsortial-Projekten kann die Definition von mehreren Kalendern für ein und dasselbe Projekt erforderlich sein.

Nach der Kalendrierung und abschließender Netzplanoptimierung liegt der Netzplan bei EDV-gestützter Erstellung als Netzplangrafik vor, kann aber auch als vernetzer Balkenplan ausgegeben werden.

Zusammengefaßt ergibt sich folgendes Ablaufschema zur Methode der Ablauf- und Terminplanung mittels Netzplantechnik.

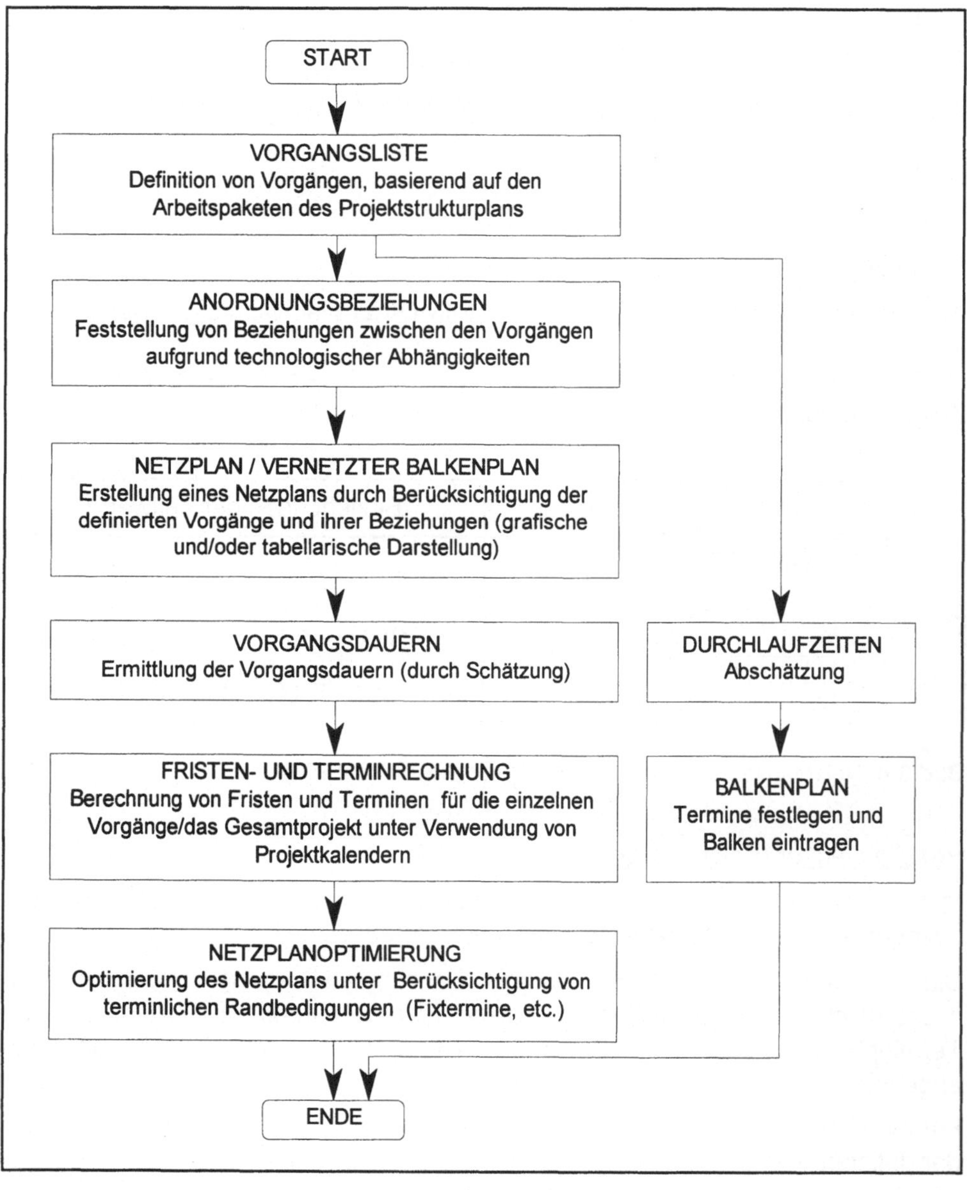

Bild 3-9 Vorgangsweise Ablauf- und Terminplanung

Den durchgängigen Zusammenhang zwischen Projektstrukturplan und Ablauf- und Terminplanung der einzelnen Planungsschritte stellt Bild 3-12 dar.

Vernetzter Balkenplan

Der vernetzte Balkenplan stellt eine Sonderform des Netzplans dar. Die Abhängigkeiten werden als Pfeil von Vorgängerbalken zu Nachfolgerbalken dargestellt. Die Berechnung der Abhängigkeiten, der Gesamtdauer und des kritischen Weges erfolgt genauso wie beim Vorgangsknoten-Netzplan.

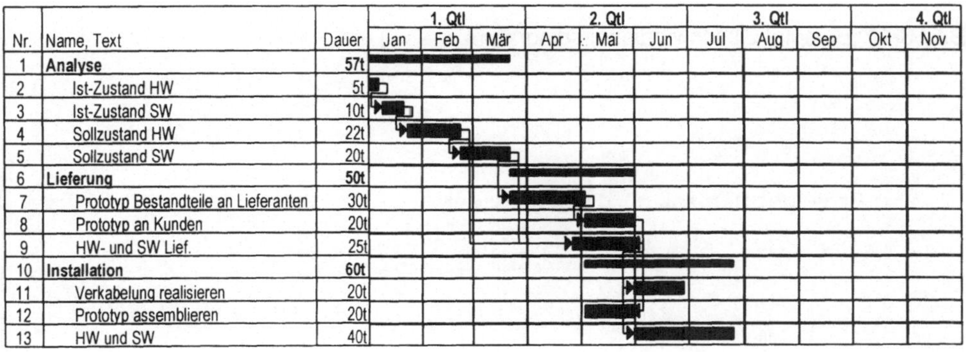

			1. Qtl			2. Qtl			3. Qtl			4. Qtl	
Nr.	Name, Text	Dauer	Jan	Feb	Mär	Apr	Mai	Jun	Jul	Aug	Sep	Okt	Nov
1	**Analyse**	**57t**											
2	Ist-Zustand HW	5t											
3	Ist-Zustand SW	10t											
4	Sollzustand HW	22t											
5	Sollzustand SW	20t											
6	**Lieferung**	**50t**											
7	Prototyp Bestandteile an Lieferanten	30t											
8	Prototyp an Kunden	20t											
9	HW- und SW Lief.	25t											
10	**Installation**	**60t**											
11	Verkabelung realisieren	20t											
12	Prototyp assemblieren	20t											
13	HW und SW	40t											

Bild 3-10 Beispiel eines vernetzten Balkenplans

Geschwindigkeitsdiagramm

Das Geschwindigkeitsdiagramm ist eine Darstellung der einzelnen Arbeitspakete eines Projektes in Form des Arbeitsvolumens (gemessen in Laufmeter, Fläche, Volumen, %-Angaben, etc.) über die Zeit.

Für jedes Arbeitspaket ist ein Pfeil vorgesehen, wobei zumindest abschnittsweise ein lineares Verhältnis von Arbeit und Zeit angenommen wird. Unterbrechungen, Pausen etc. scheinen als Absätze bzw. Stufe, d.h. Unstetigkeiten auf. Die Abhängigkeiten zwischen den Arbeitspaketen sind nur über die zeitliche Anordnung der Arbeitspaket-Pfeile zueinander zu vermuten.

Auch hier können, wie im gezeichneten Balkenplan, zusätzlich Abhängigkeitspfeile eingetragen werden, was jedoch die Übersichtlichkeit beeinträchtigt.

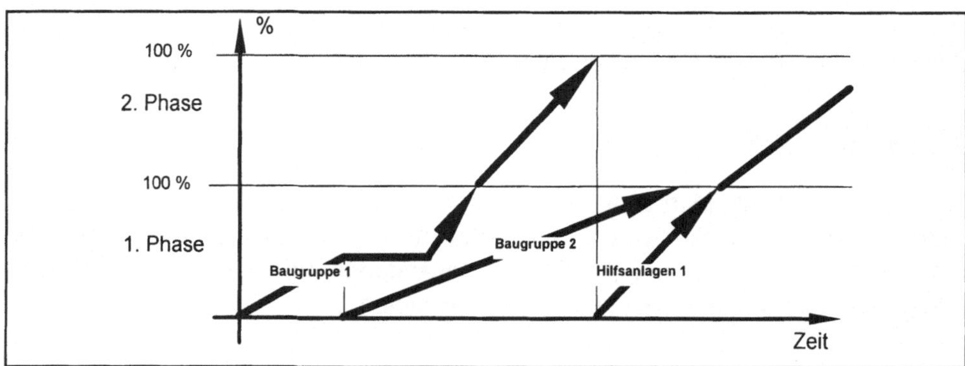

Bild 3-11 Beispiel Geschwindigkeitsdiagramm

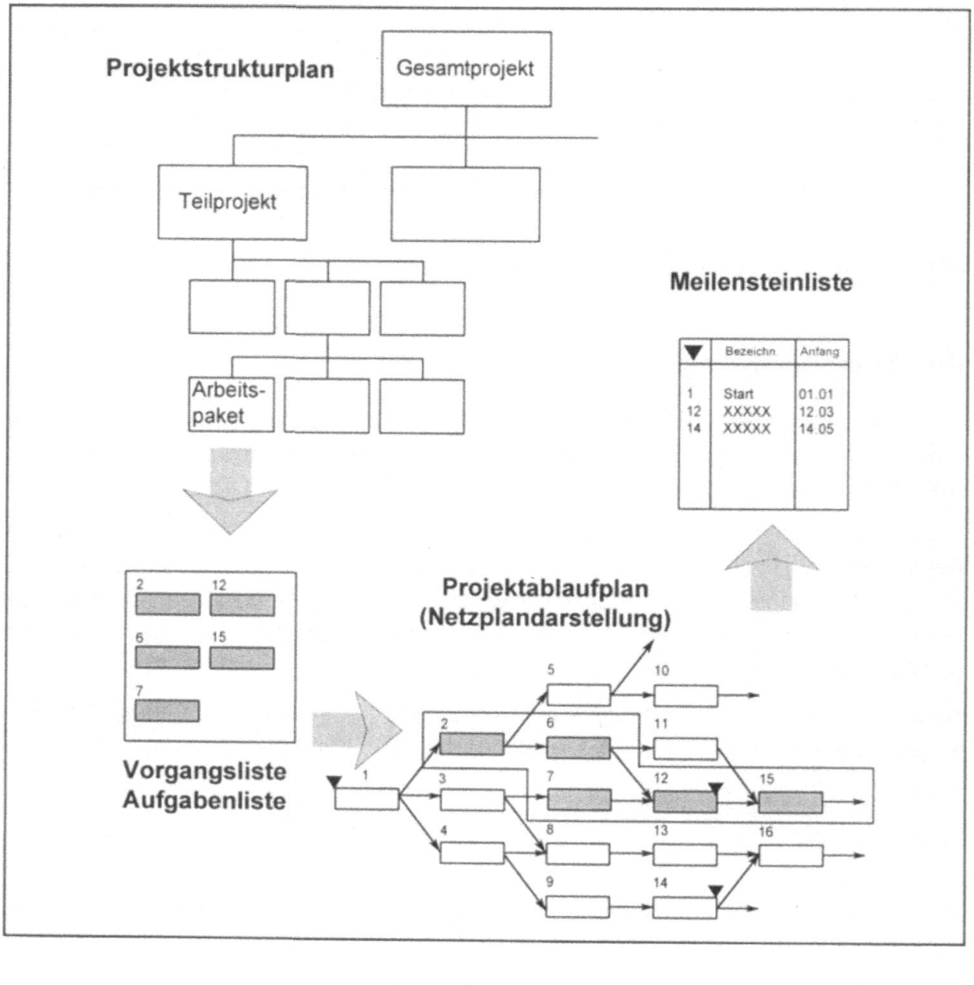

Projektstrukturplan

Gesamtprojekt

Teilprojekt

Arbeits-
paket

Meilensteinliste

▼	Bezeichn.	Anfang
1	Start	01.01
12	XXXXX	12.03
14	XXXXX	14.05

Vorgangsliste
Aufgabenliste

Projektablaufplan
(Netzplandarstellung)

Bild 3-12 Projektstrukturplan, Aufgabenliste, Ablaufplan als Netzplan, Meilensteinliste

Der **Netzplan** ist das umfassendste Planungswerkzeug, er dient jedoch nicht zur Kommunikation; es sind etwa die Gesamtpufferzeiten nicht für jeden am Projekt Beteiligten von Interesse.

Je nach Projektgröße und Kundenwunsch kann die Zeitskala visualisiert und damit ein **Balkenplan** erstellt werden.

Die **Terminliste**, aufbauend auf dem Projektstrukturplan, mit den zu berücksichtigenden Meilensteinen ist als Mindestergebnis zu sehen.

3.3.6 Ressourcenplanung

Ressourcen oder Einsatzmittel sind Mittel, die zur Durchführung von Handlungen (Projekt – Arbeitspaket – Aufgabe) benötigt werden.

Einmalig verwendbare Einsatzmittel – Verbrauchsgüter

- Einsatzstoffe (Material)
- Energie
- Finanzmittel
- Informationen

Wiederholt verwendbare Einsatzmittel – Kapazitäten

- Personen, gegliedert nach unterschiedlichen Qualifikationen/Kosten
- Betriebsmittel
- Betriebsstätten
- Wissensbestände

Die Einsatzmittelplanung oder auch Ressourcenplanung ist die Planung und Darstellung des Bedarfs an Einsatzmitteln über dem Zeitablauf. Das Ziel besteht im Finden einer Teillösung zum Optimierungsproblem bezüglich der drei Größen Einsatzmittel, Zeit und Kosten.

Dabei werden die Einsatzmittel den Vorgängen oder Arbeitspaketen des Projekts zugeordnet (Finanzmittel unterliegen in der Regel einer gesonderten Betrachtung im Rahmen der Kosten- und Finanzplanung).

Damit sind prioritär die Einsatzmittel der oben angeführten zweiten Gruppe, die eine Nutzung von regenerierbaren Leistungspotentialen beinhalten und Teil der Projektorganisation sind, ausschlaggebend für das Projektmanagement.

Es ergeben sich für jeden Vorgang folgende Fragen zur Einsatzmittelplanung:

- **Was** für Einsatzmittel sind erforderlich (technologiebezogene Bedarfsermittlung)? Insbesondere sind Engpaß-Kapazitäten zu betrachten.
- **Wieviel** dieser Einsatzmittel (Arbeitskräfte oder Betriebsmittel) werden gebraucht (arbeitsbezogene Bedarfsermittlung, optimaler Mitteleinsatz)?

- **Wann** werden diese Kapazitäten benötigt (terminbezogene Bedarfsermittlung)?
- **Wo** kommen diese Einsatzmittel zum Einsatz?

Bedarfsermittlung

Ausgehend vom Arbeitsumfang (mittels Erfahrungswerten abgeschätzt) und der Vorgangsdauer läßt sich der Kapazitätsbedarf eines jeden Einzelvorgangs, unter der Voraussetzung eines konstanten Mitteleinsatzes über die Dauer, folgendermaßen bestimmen:

$$EMB = \frac{A(k,i)}{D(i) \cdot h}$$

$EMB_{(k,i)}$.... Einsatzmittelbedarf
$A_{(k,i)}$......... Arbeitsmenge (gemessen in Personentagen, Maschinenstunden, u.ä.) eines Vorgangs i, wo eine Kapazitätsgruppe k benötigt wird;
$D_{(i)}$........... Dauer des Vorgangs i in Zeiteinheiten (z.B. Tage)
h .... Anzahl der Arbeitsstunden pro Zeiteinheit

Durch den Vergleich des Einsatzmittelbedarfs mit der Anzahl an verfügbaren Einsatzmitteln können Über- oder Unterdeckungen schon in der Planungsphase festgestellt und eventuell ausgeglichen werden.

Bedarfsdarstellung als Kapazitäts-Histogramm (Kapazitätsbedarfsprofil)

Das Kapazitätsbedarfsprofil stellt den errechneten Einsatzmittelbedarf für ein bestimmtes Einsatzmittel über der Zeitachse dar:

Aus den Vorgangsbeziehungen (Ablauflogik) und der Terminrechnung ergibt sich die zeitliche Lage der Vorgänge, denen Ressourcen zugeordnet wurden. Daraus wiederum ergibt sich die Verteilung des Ressourcenbedarfs für die betrachtete Ressource über der Zeitachse.

Kapazitätsoptimierung (-abgleich)

Je nach Art und Gewicht der Einschränkungen unterscheidet man verschiedene Vorgangsweisen beim Kapazitätsabgleich. Dementsprechend variieren auch die darauf aufbauenden Optimierungsschritte. Für die unterschiedlichen Optimierungen sei auf die vertiefende Literatur verwiesen.

3.3.7 Kostenplanung

Kosten sind der monetär dargestellte Werteverzehr bei der Leistungserbringung.

Die Kosten eines Projektes werden mittels integrierter Betrachtung von Projektleistungen, Projektterminen und Ressourcen geplant. Ressourcen-Verbrauch/-Nutzung wird in Kosten erfaßt und über der Zeitachse je Periode oder auch kumulativ aufgetragen.

Die Projektkosten werden dem Projekt zugeordnet, indem man die definierten Ressourcen mit Verrechnungssätzen (z.B.: Techniker-Stundensatz) bewertet, oder aber zusätzliche Kostenarten definiert und den Arbeitspaketen zuordnet.

Die nachfolgend beschriebene Vorgangsweise entspricht der flexiblen Plankostenrechnung, d.h. die Kosten werden nicht für das gesamte Projekt aus Vergangenheitswerten abgeleitet, sondern ergeben sich als Resultat einer analytischen Planung bottom up.

Diese Planung umfaßt sowohl die Ermittlung der Mengen- und Zeitgerüste, als auch die Ermittlung der zur Anwendung kommenden (zukünftigen) Preise. Die Plankosten ergeben sich dann aus Planmenge mal Planpreis.

Plankosten sind nicht nur im voraus geplante Kosten, sondern sind auch planmäßig, d.h. sie fallen bei wirtschaftlicher Projektführung an. Sie bilden damit die kostenmäßige Planbasis, das Ziel, das unterschritten oder maximal erreicht werden sollte (Vorgabecharakter, Budget).

Kostenarten

- **Direkte Kosten** können dem Projekt unmittelbar zugerechnet werden
- **Gemeinkosten** werden in Form von Zuschlägen (z.B. Zuschläge zu Stundensätzen) dem Projekt zugerechnet

Ziel der Kostenrechnung im Projektmanagement ist nicht die exakte detaillierte Projektkostenrechnung, sondern die Abbildung eher grober, aber möglichst aktueller Kosten zur Budgeterstellung, sowie die möglichst frühzeitige Information über Kostenentwicklungen und Trends als Basis für die laufende Projektarbeit und als Grundlage für Entscheidungen (phasenbezogenes Projektcontrolling).

Ein exaktes, detailliertes Nachrechnen der Kosten erfolgt im Rahmen der Revision (Nachkalkulation) des Projektes.

Kostenkalkulation

Die Grundvoraussetzung für die Projektkostenkalkulation ist die Projektstruktur (PSP), wobei von unterschiedlichem Detaillierungsgrad ausgegangen werden kann. Für eine gute Angebotskalkulation ist eine detaillierte Struktur von Vorteil, um damit auf Arbeitspaketebene die Kosteninformationen möglichst genau zu erhalten und zuzuordnen. Die so festgestellten Arbeitspaketkosten werden entsprechend der PSP-Logik zu Teilprojektkosten und Gesamt-Projektkosten aggregiert.

Kosteninformationen

Die Plankosten-Informationen (Preise) für die Leistungen (Stundensätze, ...) werden aus bekannten Vergangenheitswerten über Fortschreibung ermittelt (Aktualisierung).

Falls keine genauen Informationen mit vertretbarem Aufwand erhältlich sind, ist die direkte Schätzung (mit Alternativschätzungen) oder auch die mittelbare Schätzung und Multiplikation mit Mengengerüsten erforderlich.

Nach der Kalkulation auf Arbeitspaketebene und Aggregation der Kosten erfolgt auch die Ermittlung der Kosten je Zeiteinheit (z.B. Kosten je Monat), um eine Basis für die mitlaufende Kalkulation zu schaffen und erste Informationen für die Finanzmittelbedarfsplanung zu erhalten (Cash Management).

Abbildung der Kosten in Projektkostenplänen

Projektkostenpläne können für einzelne Arbeitspakete, für einzelne Objektteile, für Unteraufträge und für das Projekt als Gesamtheit erstellt werden. Bei der Erstellung der Projektkostenpläne ist durch eine geeignete Gliederung darauf zu achten, daß ein entsprechendes Projektcontrolling möglich wird.

3.3.8 Qualitätsplanung, Qualitätspläne

Für ein praxisgerechtes Qualitätsmanagement in Projekten und Projektorientierten Unternehmen stehen ausgereifte Methoden und Techniken zur Verfügung.

Die Qualitätsplanung für Projekte baut auf dem umfassenden Qualitätsbegriff (mehrdimensionaler Charakter) auf und bezieht folgende Qualitätsdimensionen mit ein (vgl. Seite 27, Kap. 2.4.2, Eigenschaften und Besonderheiten der Dienstleistungskomponente in Projekten):

- **Potentialqualität** (Image, Größe, Qualifikation, Patente, Referenzen, etc.)
- **Produktqualität** (Leistung, Zuverlässigkeit, etc.)
- **Prozeßqualität** (Projektabwicklung, Termintreue, Kommunikation, Flexibilität bei Änderungen, etc.)

Die Qualitätsplanung wird damit als ein zu integrierender Schritt der gesamten Projektplanung gesehen.

Nach der Definition der Qualitätsmerkmale erfolgt jeweils die Planung der entsprechenden Prüf- und Abnahmekriterien, der Nachweisdokumente und der erforderlichen Personalqualifikationen für interne und externe Lieferanten. Weiters werden die Anforderungen zufolge des Konfigurationsmanagements mit eingebunden.

Methodisches Hilfsmittel für die Ermittlung der Qualitätsmerkmale und der entsprechenden Meßgrößen kann die Methode QFD sein.

Die zeitliche Zuordnung der definierten bzw. vereinbarten qualitätsrelevanten Handlungen (z.B. Prüfungen lt. Prüfplänen) erfolgt erst später im Rahmen der Detailterminplanung.

Wesentliche Anhaltspunkte für das Vorgehen in der Qualitätsplanung und Einbezug des Konfigurationsmanagements sind in den Normleitfäden ISO 10005,

Quality management – Guidelines for quality plans, und ISO 10007, Qualitätsmanagement – Leitfaden für Konfigurationsmanagement enthalten (vgl. Seite 138, Kapitel 4.4.1.3, Leitfäden innerhalb der Normen zum Qualitätsmanagement).

QFD in der Projektplanung

Aufbauend auf die QFD-Phase 1 – Projektergebnisplanung, die in der Phase der Projektdefinition erarbeitet wird, beinhaltet die Projektplanung zwei QFD-Phasen (vgl. Seite 41, Kapitel 3.2.4, Quality Function Deployment (QFD)).

QFD-Phase 2

Die QFD-Phase 2 ist in ihren Schritten ähnlich durchzuführen wie QFD-Phase 1. Die bereits selektierten konkreten Projektergebnis-Merkmale liegen aus QFD-Phase 1 vor und werden nun weiter bearbeitet.

Es erfolgt eine weitere Detaillierung, bzw. Zerlegung in mehrere QFD´s. Folgende Gliederungskriterien sind möglich:

- Objektstruktur (funktional)
- prozeßorientiert zusammenfaßbare Einheiten (technologisch)
- Sublieferanten und deren Lieferumfang (verantwortungsmäßig)
- Realisierungsabschnitte (phasenorientiert, vor allem bei Großprojekten)

Ziel dieser QFD-Phase 2 ist die Ausarbeitung konkreter, operativ umsetzbarer Baugruppenmerkmale als Grundlage für die Qualitäts- und Prüfplanung.

Bei Gliederung nach Sublieferanten kann die Bewertung der technischen Konkurrenzfähigkeit in eine Lieferantenbewertung bzw. in einen Angebotsvergleich miteinbezogen werden.

QFD-Phase 3

Die QFD-Phase 3 baut je nach Projektgröße und vorhandenen Grundlagen auf der QFD-Phase 1 oder zusätzlich auf der QFD-Phase 2 auf.

In der QFD-Phase 3 werden die festgelegten Teile und Baugruppenmerkmale mit den abgeleiteten Qualitätszielen als eine Eingangsgröße in die Matrix verwendet. Es werden den Teile- und Baugruppenmerkmalen nun die jeweiligen Inhalte der Projektplanung (Aufgaben, Termine, Ressourcen, Kosten) gegenübergestellt und die Beziehungen herausgearbeitet. Der Vergleich auf Ebene der Teile- und Baugruppenmerkmale kann aus den Planungsgrundlagen entnommen werden. Der Konkurrenzvergleich im Bereich der Projektplanungsinhalte stellt einen interessanten Anhaltspunkt für die Prozeßqualität in der Projektplanung und Projektabwicklung dar.

Ishikawa-Diagramm

Das Ishikawa-Diagramm wird auch Fischgrät- oder Ursache-Wirkungs-Diagramm genannt.

Ishikawa-Diagramme eignen sich besonders gut zur Visualisierung komplexerer Ursache-Wirkungs-Beziehungen und damit auch zur Unterstützung von Lösungsfindungen in Gruppenarbeit.

Vorgehen:

- Teambildung – Fachleute und Beteiligte
- Abgrenzung des Inhalts – z.B. abgeschlossener Prozeß oder Prozeßkette
- Tatsachensammlung (im Charakter von Brainstorming, nur klärende Fragen)
- Zeichnen der Hauptgräte, des Rückgrates
- Bilden von Ursachengruppen, z.B. nach den 5 M's des klassischen Prozeßmodells im Qualitätsmanagement.
    - **M**ensch – soziale Komponente, Organisationsstruktur, Führungsstil
    - **M**ethode – Methodeneinsatz, System und Struktur des Unternehmens
    - **M**aterial – Rohstoffe, Information als Rohstoff
    - **M**aschine – Betriebsmittel, Technologie
    - **M**itwelt – Umfeld, Gesellschaft, Markt

Für jede Ursachengruppe (Hauptursache) zeigt ein Pfeil auf die Hauptgräte. Die Hauptursachen werden an das Pfeilende geschrieben. In der nächsttieferen Gliederungsebene werden den Ursachen, die zu einer Hauptursache zusammengefaßt werden, Pfeile zugeordnet, die ihrerseits wieder auf die Ursachengruppen zeigen.
Damit wird bis auf operationale Ebenen zurückgegangen.

Sollten mehr als fünf bis sieben Ursachengruppen auftreten, so sollte man mittels Bewertung oder Umgruppierung eine Konzentration auf die wesentlichen Gruppen durchführen.

Der größte Gewinn liegt in der Früherkennung von Risikopotentialen und in der Nutzung des Teampotentials zur Erkennung von Problembereichen.

Bild 3-13 zeigt ein Beispiel für ein Ishikawa-Diagramm. Die Inhalte beziehen sich auf einen Teil eines Gesamtprojektes.

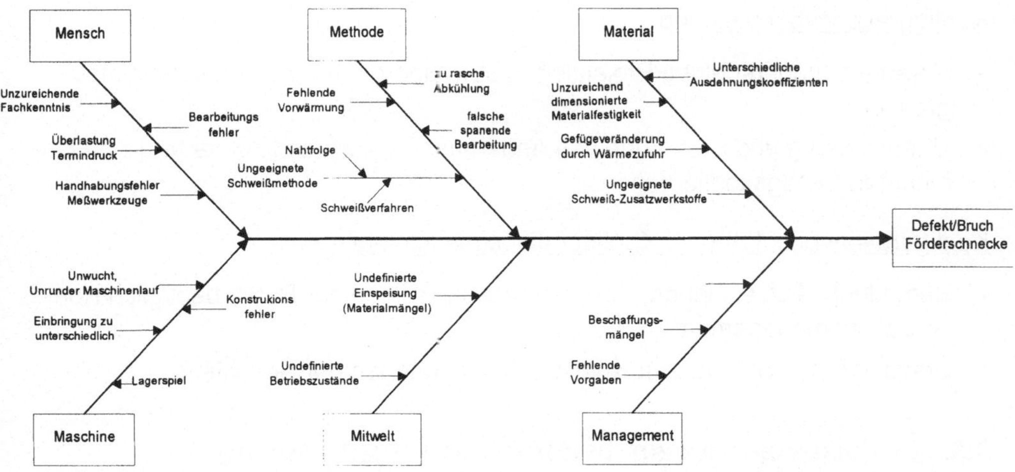

Bild 3-13 Beispiel Ishikawa-Diagramm

Das Ishikawa-Diagramm wird darum häufig als Vorbereitung einer FMEA (vgl. Seite 78, Kapitel 3.3.10, Risikomanagement in der Phase Projektplanung) erarbeitet.

3.3.9 Konfigurationsmanagementplanung

Der Konfigurationsmanagementplan sollte als Teil der Projektplanung die wesentlichen Aufgaben und Verfahren des Konfigurationsmanagements festlegen. Folgende Inhalte sollte der Konfigurationsmanagementplan enthalten bzw. als Inhalt in andere Projektpläne einbringen:

Grundlagen

- Abgrenzungskriterien der Konfigurations-Einheiten (entsprechend den Gliederungskriterien des Objektstrukturplans)
- Vereinbarung der zugehörigen Dokumentation
- Aktivitäten im Rahmen des Konfigurationsmanagement, die im Terminplan einzubinden sind
- Geplante Steuerungsmaßnahmen
- Berichtsstruktur, Terminologie
- Verantwortlichkeiten, Zuständigkeiten (auch bei Kunden und Lieferanten)

Konfigurationsidentifizierung

- Objektstrukturplan und Nummernsystem für eine eindeutige Zuordnung
- Bezugskonfiguration (Es ist etwa die gesamte Erstplanung des Projektes die Bezugskonfiguration für die Abwicklung des Projektes)
- Freigabeverfahren (Art, Verantwortung)

Konfigurationsüberwachung

- Verantwortungsregelung Projektleiter, bzw. übergeordnetes Entscheidungsgremium
- Überwachung und Steuerung von Änderungen in Relation zur vertraglich festgelegten Bezugskonfiguration

Konfigurationsbuchführung, Konfigurationsdokumentation

- Sammlung, Aufzeichnung, Verarbeitung und Pflege der Daten bezüglich Konfigurationsmanagement
- Erstellung und Struktur der Konfigurationsmanagement-Berichte

3.3.10 Risikomanagement in der Phase Projektplanung

Aufbauend auf der Risikoanalyse in der Phase Projektdefinition erfolgt in der Phase Projektplanung eine Detaillierung und vor allem die **Risikogestaltung.**

In der Risikogestaltung wird entschieden, welche Maßnahmen bezüglich der festgestellten Risiken ergriffen werden. Man unterscheidet

- ursachenbezogene Risikovorhersage – Vermeidung, bzw. Verminderung
- auswirkungsbezogene Risikovorsorge – Überwälzung und Rücklagenbildung

Für die Risikogestaltung der analysierten Risiken stehen damit grundsätzlich folgende Möglichkeiten zur Verfügung:

- Risikovermeidung (in frühen Projektphasen), Ablehnung von Projektteilen u.ä.
- Risikoverminderung durch technologische und organisatorische Maßnahmen
- Überwälzung: Transfer auf Auftraggeber, Lieferanten, Konsorten, etc.
- Versicherung (Folgeschäden sind dadurch aber meist nicht abgedeckt)
- Selbstvorsorge (erfolgt nicht Einzelprojekt-orientiert, sondern umfaßt das Projektportfolio)

FMEA – Failure Mode and Effect Analysis

Die Fehler-Möglichkeits- und Einflußanalyse (Originalbezeichnung: Failure Mode and Effect Analysis, früher auch Failure Mode Effect and Criticality Analysis – FMECA) hat die frühzeitige Vermeidung von Fehlern zum Ziel. Schon während der Produktentwicklung und der Projektplanung werden damit geeignete Maßnahmen zur Vermeidung aufgezeigt.

Die FMEA gehört in die Gruppe der Risikoanalysen und wurde ursprünglich zur systematischen Erfassung und Bewertung zuverlässigkeits-, sicherheits- und instandhaltungsrelevanter Informationen im Bereich der Luft- und Raumfahrt sowie der Kerntechnologie angewandt.

Arten der FMEA

- System – FMEA
- Produkt – FMEA (auch Konstruktions- oder Entwicklungs-FMEA)
- Projekt (Prozeß) – FMEA

Die unterschiedlichen Arten der FMEA bauen aufeinander auf bzw. gehen auseinander hervor.

Die **System-FMEA** beachtet neben der Auftretens- und der Entdeckungswahrscheinlichkeit auch die Wirkung von Fehlern auf das gesamte Lösungssystem (z.B. Gesamtanlage) für den Kunden.

Die **Produkt-FMEA** schließt sich an Konstruktion und Entwurf des jeweiligen Teilsystems (Produktes) der Gesamtlösung an und analysiert in Bezug auf diese Systemebene die Betrachtungsgrößen der FMEA sowie die Erfüllung der Kundenwünsche. System- und Produkt-FMEA werden je nach Systemumfang nicht immer unterschieden.

Die **Projekt (Prozeß)-FMEA** stellt die Analyse der Fehlermöglichkeiten aus der Sicht der Projektabwicklung bzw. des Produkt-Erstellungsprozesses in den Mittelpunkt.

Gründe für die Durchführung einer FMEA

Unabhängig von der Art der FMEA sind folgende Gründe typisch für die Durchführung einer FMEA:

- Forderung des Kunden
- Sicherheitsanforderungen (Produkthaftung, Nachweispflicht für Komponenten, CE-Kennzeichnung, etc.)
- Umweltanforderungen (Umwelthaftung, etc.)
- Problemverdächtige Komponenten
- Zulieferumfang (Lieferbereitschaft, Sicherheit für eigene Fertigung, etc.)
- Neuentwicklungen (Produkte, Lösungssysteme, Werkstoffe, Verfahren, etc.)
- Neue Einsatzgebiete (z.B. geografisch oder klimatisch veränderte Bedingungen)

Voraussetzungen für die Durchführung einer FMEA

- Wille und Interesse der Unternehmensleitung
- Ausreichendes Methodenwissen
- Unterstützung der Durchführenden in methodischen Fragen
- Festlegung eines Vorgehensplans, Vermeidung von Doppelarbeit

Vorbereitung und Durchführung einer FMEA

Unabhängig von der Art der FMEA kann man folgende, aufeinander aufbauende Schritte in der Erstellung der FMEA unterscheiden:

1. Organisatorische Vorbereitung der FMEA:
   Abgrenzung des Untersuchungsgegenstandes (Projektergebnis, Objekt, Projektabwicklungsprozeß, etc.) und Festlegung der Verantwortung
2. Inhaltliche Vorbereitung der FMEA:
   Systematische Beschreibung und Strukturierung des abgegrenzten Untersuchungssystems, Festlegung und Verteilung von Aufgaben
3. Durchführung der Analyse:
   Analyse von Systemelementen mit dem Ziel der Erkennung von Schwachstellen, und anschließender Priorisierung
4. Auswertung, Analyseergebnis:
   Ableitung von Maßnahmen und Festlegung eines Verantwortlichen für die Umsetzung; Sicherstellung von Lernchancen
5. Terminverfolgung und Erfolgskontrolle

Erstellung der FMEA – Detailschritte

1. Schritt	Analyse der Systeme, Merkmale, Arbeitsfolgen und -abläufe
2. Schritt	Bewertung des derzeitigen Zustandes. Dazu wird die sogenannte Risikoprioritätszahl RPZ gebildet RPZ = Auftrittswahrscheinlichkeit *mal* Bedeutung *mal* Entdekkungswahrscheinlichkeit Wenn sich in dieser Bewertung ein zu hohes Risiko ergibt, müssen Maßnahmen zu einer Reduzierung erfolgen
3. Schritt	Empfehlung von Maßnahmen
4. Schritt	Treffen von Maßnahmen

	Fehler-Möglichkeiten und Einfluß-Analyse			Teil-Benennung	Teil-Nummer
	System-FMEA, Produkt FMEA ☐	Projekt (Prozeß)-FMEA ☐		Modell/System/Fertigung	Zeichnungs-Datum
	Bestätigung durch betroffene Abteilung und/oder Lieferant	Name/Abt./Lieferant/Telefon	Name/Abt./Lieferant/Telefon	Erstellt durch (Name/Abt.)	Datum

System / Merkmale **Arbeitsfolge und Ablauf**		**Mögliche Fehler**			**Derzeitiger Zustand**					**Empfohlene Abstell-maßnahme / Aktivität**	**Verant-wortlichkeit** **Zuständig-keit**	**Verbesserter Zustand**				
					Kontroll-Maß-nahmen							Getroffene Maß-nahmen				

Bild 3-14 Formblatt zur FMEA

Fehlerbaumanalyse

Eine spezielle Anwendung des Baumdiagramms ist die Fehlerbaumanalyse (Fault Tree Analysis, FTA). Mit der Fehlerbaumanalyse können systematisch sämtliche logischen Verknüpfungen von Komponenten- bzw. Teilsystemausfällen ermittelt, grafisch dargestellt und ausgewertet werden.

Die Fehlerbaumanalyse vereint den präventiven Ansatz über die zu erwartenden Zuverlässigkeits- und Sicherheitsaspekte mit dem Ursachenfindungsansatz bei bereits erkannten Problemen. Für Details zur Fehlerbaumanalyse sei auf die weiterführende Literatur verwiesen.

3.3.11 Claim Management in der Phase Projektplanung

Claim Management in der Phase Planung baut auf der Claim-Vorsorge der Definitionsphase auf und schafft die nötigen Voraussetzungen für die spätere Claim-Erkennung im Rahmen der Phase Projektabwicklung.

Die Vorsorgemaßnahmen, die im Rahmen der Planung zu setzen sind, beziehen sich vor allem auf die Erarbeitung der vereinbarten Projektpläne, die Sicherstellung des Informationsflusses (Planung des Informationssystems) und die Planung von Kontroll-, Informations- und Anpassungsmechanismen.

Vor allem die Planung von Anpassungs- und Änderungsregelungen (vgl. Seite 77, Kapitel 3.3.9, Konfigurationsmanagementplanung) kann die Abwehr von Claims maßgeblich unterstützen. Die entsprechenden Schritte zur Informationsgestaltung werden in der Planung des Informationssystems festgehalten.

Die organisatorischen Regelungen für die Freigabe von Änderungen (Basis für eventuelle Claims) werden im Rahmen der Planung des Konfigurationsmanagement vereinbart.

3.3.12 Qualität der Abwicklung der Phase Projektplanung

Die bewußte kundenorientierte Planung des Erstellungsprozesses stellt eine wesentliche Voraussetzung für eine erfolgreiche Projektabwicklung dar. Qualität umfaßt für die Phase der Projektplanung folgende Inhalte:

Qualität der Zielplanung und der Prioritätensetzung

- Durchgängigkeit der Ziele (Unternehmen, Projektportfolio, Einzelprojekt)
- Offenlegung von Zielkonflikten mit anderen Projekten oder Vorhaben im Unternehmen

Qualität der Planung der Projektorganisation

- Rechtzeitige formale Festlegung der Projektorganisation (Projektleiter, Team) mittels internem Projektauftrag
- Ausgewogenheit, gemeinsame Sprache und Kultur bzw. Bewußtmachen der Unterschiedlichkeit
- Aufgabengerechte Qualifikation des Projektleiters und der Projektmitarbeiter
- Einbindung von externen Partnern im Projektteam (Lieferanten, Konsulenten)

Qualität der Planung des Umgangs mit den Kunden

- Klärung der Kundenstruktur
einfache Kundenstruktur: Auftraggeber = Nutzer = Finanzierer
komplexe Kundenstruktur: Auftraggeber ≠ Nutzer ≠ Finanzierer
- Klärung der kundenseitigen Projektorganisation, der Ansprechpartner, der gültigen Verantwortungen und Informationswege
- Akzeptanz der handelnden Personen durch den Kunden

Qualität der Planung des Projektinformationssystems

- Projektverteiler (intern und extern)
- Schnittstellendefinition intern (zu anderen Bereichen) und extern (zu Kunden, Lieferanten, Partnern, Konsulenten, Beratern, etc.) nach
Zeitpunkt, Art, Inhalt und Form des Informationsaustausches
- Form und Methoden der Information unter Nutzung vereinbarter technischer Hilfsmittel (Post, Fax, e-mail/Internet, etc.)
- Dokumentation, Berichtskultur (Besprechungsprotokolle, etc.)
- Eindeutigkeit und Nachvollziehbarkeit der Ablage

Qualität der Planung von Kommunikation und Kontakten

- Kompetenz und Verhalten der Kontaktträger an den Schnittstellen
- Umfang, Inhalt und Rechtzeitigkeit der Information
- Rückmeldungen
- Offenheit

Qualität der eingesetzten Projektpläne

- Objektpläne – sinnvolle Struktur, Übereinstimmung mit QFD-Phase 2
- Aufgabenpläne – sinnvolle Struktur, gemeinsam erarbeitet, seitens der Projektmitarbeiter verstanden und akzeptiert
- Ablauf- und Terminpläne – Durchgängigkeit in der Struktur, überschaubar abgegrenzte Arbeitspakete mit klar zuordenbaren Verantwortungen; logische Anordnung der Aufgaben auf der Zeitachse mit realistisch geschätzten Dauern, Einbezug der qualitätsrelevanten Aufgaben (z.B. Prüfungen)
- Umfang und Durchgängigkeit der Informations-Verteilungspläne wie Verteiler, Funktionsmatrix (wer ist zuständig, wer wird informiert)
- Umfang und Durchgängigkeit der Qualitätspläne; Einbezug von QFD

3.4 Phase Projektabwicklung

Die Phase der Projektabwicklung bzw. -durchführung baut auf der Projektplanung auf. In der Phase der Planung wurden die Chancen und Potentiale des Projektes planerisch durchdacht und die Maßnahmen vorbereitet.

In der Phase der Abwicklung und Durchführung geht es darum, die vorbereiteten Potentiale und Möglichkeiten auch umzusetzen.

Diese Umsetzung ist schwierig und ebenso wichtig wie die Planung, erfordert aber vielfach andere Vorgehensweisen, Methoden und Qualifikationen.

Tabelle 3.13 Methoden und Aufgaben in der Phase Durchführung/Abwicklung

	Management in der Phase Projektabwicklung			
Blick-winkel:	Projekt-management	Qualitäts-management	Risiko-management	Claim Management
Methode Aufgabe	Umsetzung der Projektplanung Umgang mit Änderungen	Umsetzung der Qualitätsplanung Konfigurations-management	Risikogestaltung und -bewältigung	Claim Erkennung Claim Verfolgung

Das grundlegende Denkprinzip in der Phase Projektabwicklung ist wie in der Begleitphase Controlling beschrieben, die konsequente Einhaltung des Controlling-Regelkreises (vgl. Seite 92, Kapitel 3.6, Begleitphase Projektcontrolling).

3.4.1 Umsetzung der Projektplanung

In der Projektplanung wurden die wesentlichen Aufgaben, Termine, Kosten und Ressourcen geplant und festgelegt. Die durch diese Planung geschaffenen Potentiale müssen in der Durchführungsphase nun umgesetzt werden.

Je nach Projektart sind hier die unterschiedlichsten inhaltlichen Aufgaben zu bearbeiten. Deren Veranlassung mit Bezugnahme auf die vereinbarten Projektpläne und technisch-inhaltlichen Vorgaben liegt in der Verantwortung des Projektleiters.

Die Erfüllung der Aufgaben, Abweichungen und die Adaptierung der Pläne für die Restaufgaben geschieht im Rahmen des Projektcontrolling.

Die Gesamtheit der Projektpläne betreffend technisch-inhaltliche Vorgaben stellt die grundlegende Bezugskonfiguration (lt. ISO 10007, Konfigurationsmanagement) für das Projekt dar.

Eintretende Änderungen werden, wie folgend dargestellt, im Rahmen der Änderung der Bezugskonfiguration eingearbeitet.

In der Umsetzung der Projektplanung ist die Verwendung letztgültiger Pläne von größter Wichtigkeit.

3.4.2 Umgang mit Änderungen

Da Projekte meist mit hoher Komplexität und Neuartigkeit verbunden sind, ist die Projektplanung zu Beginn des Projektes im Sinne des Konfigurationsmanagement (ISO 10007) als die Schaffung einer Bezugskonfiguration zu sehen.

Änderungen im Umfeld und durch geänderte Vorstellungen des Auftraggebers sowie innerhalb der Projektorganisation sind unter den Aspekten Machbarkeit, Akzeptanz und Zuordnung von Mehrkosten zu bearbeiten.

- Umfeldänderungen (neue Umfeldgruppen, neue Gesetze oder andere Rahmenbedingungen, neue Risiken)
- Änderungen der Projektinhalte und der Projektziele durch den Auftraggeber (inhaltlich, terminlich, organisatorisch, rechtlich, etc.)
- Änderungen in der Projektorganisation (neue Mitarbeiter, neue Lieferanten, etc.)

Folgende Ebenen müssen im Rahmen des Änderungswesens betrachtet werden:

- fachliche, inhaltliche Ebene (z.B. technisch/technologisch machbar, Konsequenzen für Projektabwicklung und Nutzungsphase, etc.)

- terminliche, ablauflogische Ebene (z.B. zeitlich durchführbar, Konsequenzen, Verschiebungen, etc.)
- soziale Ebene (Akzeptanz, Belastung)
- rechtlich, finanzielle Ebene (z.B. wer trägt lt. Vertragsgrundlagen auftretende Mehrkosten, Ursache der Änderung, Folgekosten, etc.)

Die Zuordnung bzw. Durchführung des Änderungswesens bzw. von Teilen davon wird üblicherweise unter verschiedenen Begriffen erfolgen:

- Kommunikationsmanagement
- Konfigurationsmanagement (ISO 10007 – technisch-inhaltlicher Aspekt)
- Controlling (vgl. Seite 92, Kapitel 3.6, Begleitphase Projektcontrolling – Erfassungs- und Verfolgungsaspekt)
- Claim-Erkennung, Claim-Verfolgung (rechtlich-finanzieller Aspekt)

3.4.3 Umsetzung der Qualitätsplanung

Qualitätsmanagement in der Projektabwicklung bedeutet die Sicherung der Qualität in den einzelnen Schritten der Produktentstehung und zwar von der Entwicklung und Konstruktion (Bereiche mit nicht gegenständlichem Output, die in Ihrer Gestaltung traditionell vom Qualitätsmanagement vernachlässigt wurden) über Beschaffung von Teilen und Leistungen bis zur Herstellung (Fertigung, Montage, Prüfungen).

Je nach Projektart haben die Aufgaben der Projektabwicklung völlig unterschiedlichen Inhalt mit entsprechend variierenden Aufgaben zum Qualitätsmanagement. (Die Aufgaben der Projektsteuerung – Projektcontrolling sind in Kapitel 3.6, Begleitphase Projektcontrolling, zusammengefaßt.)

Projektspezifische Qualitätspläne

In technisch aufwendigen Projekten wird durch die Erarbeitung eines projektspezifischen Qualitätsplans eine wesentliche Grundlage zur Qualitätssteuerung in der Projektabwicklung geschaffen.

Der Qualitätsplan faßt Aufgaben und Schritte zur präventiven Qualitätssicherung und die ergebnisspezifischen Kontroll- und Prüfdokumente zusammen.

In der Qualitätsplanung wurden für alle wesentlichen, technologisch schwierigen, qualitäts- und terminkritischen Komponenten die Qualitäts- und Prüfdokumente gelistet und mit den Terminen aus der Aufgaben- und Ablaufplanung versehen.

Während der Abwicklung kann nun damit neben technischer und qualitativer Richtigkeit auch die terminliche Situation beurteilt werden.

Die erstmalige Schaffung derartiger Qualitätspläne für komplexe Projekte ist aufwendig. Bei Projekten mit repetitivem Charakter können hier jedoch adaptierbare Standards geschaffen werden, die in das QM-System integriert sind.

Wichtig bei der Umsetzung von Qualitätsplänen ist die laufende Überprüfung des Bezugs zu den Projektzielen und die Einforderung der geplanten und vereinbarten Qualitätsnachweise (vgl. ISO 10005, Seite 138, Kapitel 4.4.1.3, Leitfäden innerhalb der Normen zum Qualitätsmanagement).

3.4.4 Konfigurationsmanagement in der Projektabwicklung

Konfigurationsmanagement in der Projektabwicklung baut auf die in der Projektplanung erstellten Planungen auf, und beinhaltet wesentliche Teile des Änderungswesens.

Zusätzlich sind Überschneidungen mit den Aufgaben aus der Begleitphase Projektcontrolling vorhanden.

Im Rahmen der Projektorganisation (vgl. Seite 102, Kapitel 3.8, Begleitphase Projektorganisation und Teamarbeit) wird die Zuständigkeit und die Verantwortung für die einzelnen Schritte des Konfigurationsmanagement geklärt.

Die technischen und organisatorischen Maßnahmen zum Konfigurationsmanagement umfassen lt. ISO 10007:1995 folgende Einzelaufgaben:

- Konfigurationsidentifizierung (teilweise Aufgabe in der Projektplanung)
- Konfigurationsüberwachung
- Konfigurationsbuchführung (-dokumentation)
- Konfigurationsauditierung

Konfigurationsidentifizierung

Die Konfigurationsidentifizierung erfolgt im Rahmen der Projektplanung (Objektstrukturplan):

Konfigurationseinheiten (abhängig von dem Gliederungskriterium z.B. eine Baugruppe) sind abgegrenzt, dokumentiert und numeriert, und stellen damit die Bezugskonfiguration für die Projektabwicklung dar. In der Phase Projektabwicklung sind folgende Aufgaben durchzuführen:

Konfigurationsüberwachung

Die Konfigurationsüberwachung im Rahmen der Projektdurchführung umfaßt folgende Schritte:

- Feststellung und Dokumentation der Änderungsnotwendigkeit (Änderungsstand, Name des Antragstellers, Grund, Änderungsbeschreibung, Dringlichkeit)
- Bewertung der Änderung in Form von
  Technischen Auswirkungen (Austauschbarkeit, Schnittstellen, Technologie, Wartbarkeit)
  Projektabwicklungs-Auswirkungen (Vertrag, Termine, Kosten)

Auswirkung auf Lieferanten und Partner (Lagerbestände, Vorbestellungen)
Auswirkungen auf die Dokumentation

- Genehmigung der Änderung
- Durchführung und Verifizierung der Änderung

Konfigurationsbuchführung (-dokumentation)

Die Konfigurationsbuchführung beginnt bereits in der Projektdefinition und baut auf der vereinbarten Bezugskonfiguration bzgl. Produkt und Prozeß auf.

Während der Durchführung werden anlaßbezogen Änderungen in der bereits vorliegenden Dokumentation der Bezugskonfiguration nach einer festgelegten Struktur vermerkt. Dadurch sind Transparenz und Rückverfolgbarkeit gegeben.

Zusätzlich zu den anlaßbezogenen Änderungen erfolgen in Abstimmung mit dem Projektcontrolling Berichte bzw. Informationen zum aktuellen Konfigurationsstand.

3.4.5 Claim-Erkennnung, Claim-Verfolgung

Aufbauend auf und in Überlagerung mit dem Konfigurationsmanagement sind die Aufgaben und Maßnahmen zur Claim-Erkennung und Claim-Verfolgung zu sehen. Die Voraussetzung für die Verfolgung und Durchsetzung bzw. Abwehr von Claims ist ein nachvollziehbarer, dokumentierter Claim-Aufbau.

<u>Ziel der Claim Erkennung und Claim Verfolgung</u>

- Abwehr von Fremdclaims
- Durchsetzung von Eigenclaims

<u>Vorgehen Claim Aufbau</u>

- Konfigurationsdokumentation zu den Änderungen, deren Freigaben und Verantwortungen durchführen
- Erschwernisse und weitere relevante Sachverhalte dokumentieren
- Darstellung des gesamten Claim-Sachverhalts
- Auswirkungen zusammenfassen (Mehrkosten, technisch/technologische Auswirkungen, Garantie, etc.)
- Ableitung von Forderungen samt zugehöriger Termine
- Erarbeitung einer Strategie für das weitere Vorgehen bei der Durchsetzung

Für die Verhinderung von Fremd-Claims und die Durchsetzung von Eigen-Claims ist ein gut funktionierendes Projekt-Informationssystem und gezieltes Konfigurationsmanagement eine ganz wesentliche Hilfe.

3.4.6 Qualität der Phase Projektabwicklung

Die Qualität der Phase Abwicklung/Durchführung kommt in der Umsetzung und Nutzung der Potentiale, die in der Phase Planung geschaffen wurden, zum Ausdruck.

Die konkreten Qualitätsmerkmale der Projektabwicklung sind projektspezifisch sehr unterschiedlich. „Projektfähigkeitskennzahlen" zur Steuerung der Projekte in Analogie zu den Prozeßfähigkeitskennzahlen sind aus diesem Grund nur schwer ermittelbar.

Merkmale aus dem traditionellen Projektmanagement sind hier hilfreicher.

- Leistungsabweichungen (quantitativ und qualitativ)
- Zeitabweichungen, Trends
- Kostenabweichungen und deren Trends
- Abweichungen im Ressourceneinsatz

Diese im Rahmen des Projektcontrolling ermittelten Kennwerte können durch qualitative Größen ergänzt werden. z.B.:

- Prozeßqualität in der Projektabwicklung (z.B. indirekt erfaßt über die Kundenzufriedenheit)
- Kommunikationsqualität, Informationsqualität
- Verhalten des Projektteams bei unterschiedlichen Projektsitzungen

Wesentliche Meßgrößen für die Qualität der Phase Abwicklung können bei Erhebung, Verfolgung und Auswertung aus folgenden Daten ermittelt werden

- Anzahl und Volumen der Fremdclaims in Gegenüberstellung mit
- Anzahl und Volumen der Eigenclaims
- Fehlerkosten (Mehrarbeit, Nacharbeit, mangelhafte Komponenten, etc.)

3.5 Phase Projektprüfung, Übergabe

Diese Phase bedeutet die Erarbeitung eines wichtigen Meilensteins, nämlich der Übernahme des erstellten Projektergebnisses durch den Kunden.

Tabelle 3.14 Methoden und Aufgaben in der Phase Prüfung und Übergabe

	Management in der Phase Projektüberprüfung, Übergabe			
Blick-winkel:	Projekt-management	Qualitäts-management	Risiko-management	Claim Management
Methode Aufgabe	Übergabe an den Kunden	Prüfungen, Tests		Nachweis der Vertragserfüllung Claim Verfolgung

3.5.1 Übergabe an den Kunden, Übergabekriterien

Der Zeitpunkt der Übergabe an den Kunden und die entsprechende Bestätigung durch den Kunden ist meist auslösend für Zahlungen (lt. Zahlungsterminplan) und den Beginn der Gewährleistungsfrist. Aus diesem Grund sollte dieses Ereignis aus der Sicht des Auftragnehmers möglichst frühzeitig angestrebt werden.

Abnahme- bzw. Übergabekriterien stellen den Nachweis der erbrachten Projektleistung dar. Diese Kriterien sollten klar und nachvollziehbar im Auftrag (Basiskonfiguration) vereinbart sein. Änderungen der Basiskonfiguration, die sich im Lauf des Projektes in Abstimmung mit dem Auftraggeber ergeben, sollten in der entsprechenden Dokumentation (Konfigurationsbuch) nachvollziehbar sein.

Die Vorbereitung der Übergabe ist projektspezifisch unterschiedlich in engem Zusammenhang mit den Aufgaben im Rahmen des Konfigurationsmanagements und Claim Managements zu sehen.

Ein Teil der entsprechenden Vorbereitungsarbeiten liegt in der Durchführung der notwendigen Prüfungen und Nachweise während des Projektes insbesondere in der Schlußphase des Projektes. Mittels der durchgeführten Prüfungen kann der Nachweis über die vereinbarten Qualitätskriterien des Projektergebnisses erbracht werden. Diese gesamten Leistungsnachweise sind meist in eine Bestandsdokumentation („as built – Dokumentation") eingebunden.

Ein weiterer Teil der Übergabe-Vorbereitungsarbeiten liegt in der Erstellung aller notwendigen und vereinbarten Unterlagen aus kaufmännischer Sicht (Liefer- und Zollpapiere, Akkreditiv, Ursprungszeugnisse, etc.).

Auf die unterschiedlichen Qualitätsprüfungen wird folgend näher eingegangen.

3.5.2 Qualitätsprüfungen

Während aller Phasen der Projektabwicklung müssen je nach Projekttyp unterschiedliche Prüfungen mit dem entsprechend qualifizierten Personal und ordnungsgemäßen Hilfs- und Prüfmitteln durchgeführt und dokumentiert werden.

Die wesentlichen Prüfungen sind im Rahmen der Qualitätsplanung in Prüfplänen zusammengefaßt. Die folgenden Ausführungen beziehen sich näher auf technische Investitionsprojekte.

Eingangs-, Zwischen- und Endprüfungen

Eingangsprüfungen finden je nach Hardwareanteil in unterschiedlichem Ausmaß statt, da Komponenten auch direkt von Unterlieferanten an den Abnehmer (Baustelle bzw. Kunden) geliefert werden können.

Zwischenprüfungen werden, wenn notwendig, vielfach direkt bei den Unterlieferanten durchgeführt.

Endprüfungen werden einerseits bei Unterlieferanten und andererseits im Zuge der Montage, Inbetriebnahme oder Übergabe gemeinsam mit dem Kunden durchgeführt. Als Nachweis der ordnungsgemäßen Montagedurchführung werden produktbezogen Funktions- bzw. Vollständigkeitslisten erstellt, ausgefüllt und unterschrieben.

Als Bestätigung des Montageendes werden am Montageende Protokolle für die einzelnen Objektteile ausgestellt.

Folgende Punkte werden bei Prüfungen üblicherweise beachtet:

- Überprüfung beschaffter Produkte beim Lieferanten oder nach deren Eingang
- Aufzeichnung von Abnahme-Prüfergebnissen beim Lieferanten in Form von Prüfberichten
- Verwaltung der von Lieferanten gelieferten Prüfdokumentation um Bausteine für eine Prüfdokumentation für das Gesamtprojekt zu erhalten
- Überwachung von Produkten beim Lieferanten während der Produktion gemäß Prüfplan (Unbedingt mit Lieferanten bei Auftragserteilung an Lieferanten vereinbaren – vgl. Seite 138ff., Kapitel 4.4.1.3, Leitfäden innerhalb der Normen zum Qualitätsmanagement – ISO/DIS 10006).
- Abnahmen und Leistungsnachweise im Zuge der Inbetriebnahme
- Dokumentation von Prüfergebnissen, wo es verlangt wird
- Nachweis der Qualifikation des eingesetzten (Prüf-)Personals
- Verwendung von entsprechend kalibrierten (geeichten) Prüfmitteln

Eine wesentliche Aufgabe als Teil des Qualitätsmanagements im Lauf eines Projektes liegt in der Sammlung und Führung der projektspezifischen Qualitätsdokumentation.

Prüfstatus

Aus der Qualitätsdokumentation und den Soll-Ist-Vergleichen aus dem Projektcontrolling ist der Prüfstatus des Projektes klar erkennbar.

Die Festlegung des Prüfstatus in der Projektabwicklung wird aufbauend auf den Vorgaben im Aufgaben- und Terminplan vorgenommen (vgl. Seite 92, Kapitel 3.6, Begleitphase Projektcontrolling).

Der Prüfstatus wird in Form von Prüfvermerken auf Projektunterlagen und Zeichnungen (Layout, Flow-Sheet, Installationszeichnungen, Konstruktionszeichnungen, etc.) gemäß den Vereinbarungen im Projektleitfaden in der Verantwortung des Projektleiters festgehalten.

3.5.3 Nachweis der Vertragserfüllung, Inbetriebnahme

Überprüfungen im Rahmen der Inbetriebnahme dienen dem Nachweis der Funktion und Qualität des Projektergebnisses. Die Inbetriebnahme stellt vor allem bei Investitionsprojekten den letzten Teil des Nachweises der Vertragserfüllung dar und gliedert sich wie folgt:

- Planung der Funktionsprüfungen im Rahmen der Inbetriebnahme
- Inbetriebnahme einzelner Teile bzw. des gesamten Projektergebnisses entsprechend der Objektstruktur
- Falls erforderlich entsprechende CE-Formalitäten
- Probebetrieb, Qualitäts- und Funktionsnachweis, Leistungsnachweis

Die Planung der Funktionsprüfung und die eigentliche Inbetriebnahme erfolgen entsprechend der vereinbarten Bezugskonfiguration. Bei vertraglicher Forderung werden die Funktionsprüfungen in einem Terminplan ausgewiesen.

Für die Leistungsnachweise in einem möglicherweise vereinbarten Probebetrieb bilden die entsprechenden vertraglichen Regelungen die Grundlage. Diese Leistungsnachweise ermöglichen die Übergabe des Projektergebnisses an den Kunden.

Nach dieser Übergabe sind vielfach noch Aufgaben aus der Claim-Verfolgung zu erledigen. Die Durchsetzung von entsprechenden Forderungen kann in internationalen Projekten bis zur Anrufung eines Schiedsgerichtes gehen.

3.6 Begleitphase Projektcontrolling

Während der Durchführung von Projekten treten immer Abweichungen von der geplanten Situation auf. Projektcontrolling hat zum Ziel, diese Abweichungen zwischen realem Projektablauf und Projektplanung auszugleichen. Die Projektsteuerungsmethoden unterstützen diese Bestrebungen.

Ursachen für Abweichung

- Zieländerungen:
  Änderung der Projektziele, Projektspezifikationen, Kundenwünsche
- Störgrößen:
  Es sind dies unterschiedliche, nach Stärke und Zeitpunkt nicht vorhersehbare Einflußgrößen, die sich auf den Projektablauf auswirken, wie Maschinenausfall, Krankheiten (Ressourcenverfügbarkeit), Schlechtwetter, Unfälle, etc.
- Planungsfehler
  (Fehler in der inhaltlichen Planung und der Ablaufplanung, Schätzfehler)
- Fehler im Informationssystem, Übertragungsfehler, etc.

Für die Projektsteuerung sind folgende Voraussetzungen zu beachten:

- Aktuelle, vollständige, überprüfbare Planvorgaben
- Aktuelle, inhaltlich und formal richtige, mit den Plandaten korrespondierende Ist-Daten
- Kontinuität im Überwachungsprozeß

Tabelle 3.15 Methoden und Aufgaben in der Phase Controlling

	Management in der Begleitphase Projektcontrolling			
Blickwinkel:	Projektmanagement	Qualitätsmanagement	Risikomanagement	Claim Management
Methode Aufgabe	Projektcontrolling-regelkreis Projekt-informationssystem im Controlling	Qualitäts-management im Projektcontrolling	Risikocontrolling	Claim Verfolgung (vgl. Phase Projektabwicklung)

3.6.1 Projektcontrolling-Regelkreis

Der gesamte Prozeß der Projektsteuerung und Projektüberwachung läßt sich sehr gut anhand des Projektcontrolling-Regelkreises zusammenfassen.

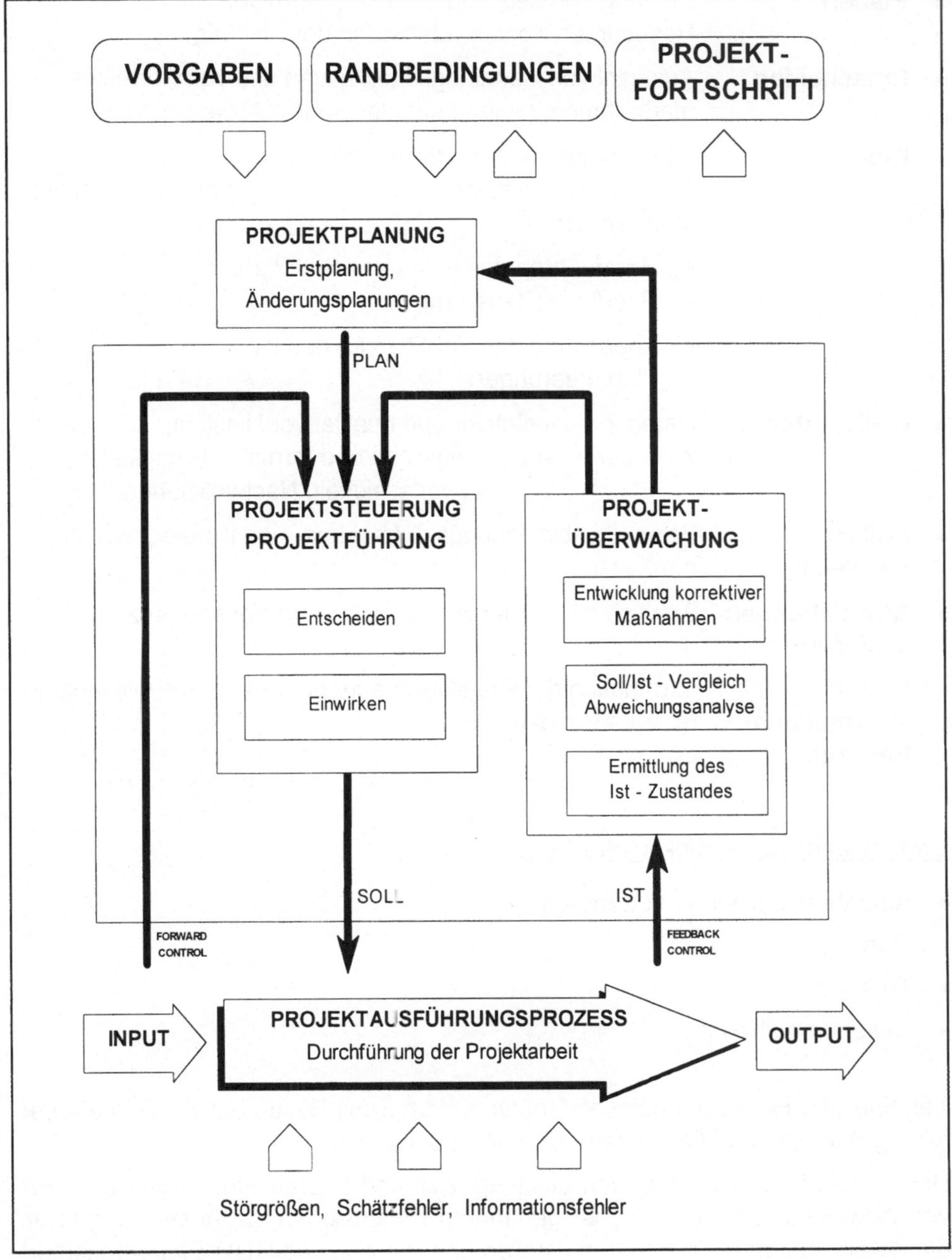

Bild 3-15 Projektcontrolling – Regelkreis

Folgende Schritte werden dem Regelkreis zufolge sinnvoll methodisch gestützt:

- **Vorgaben** Projektauftrag, Projektabgrenzung, Projektumfeld; (Methoden der Definition und Abgrenzung)
- **Planen** Planung von Leistung, Qualität, Termine, Ressourcen/Kosten (Methoden der Planung)
- **Entscheiden** Auswahl von Handlungsalternativen und von Korrekturmaßnahmen, folgend aus der Soll/Ist-Abweichung
- **Einwirken** Intervention zur Zielerreichung
  Grundsätzlich gibt es folgende Möglichkeiten für korrektive Maßnahmen:
  - Heranführen des Ist an das Soll/Plan: Regelung/Steuerung
  - Anpassung des Soll/Plan an das Ist: Planänderungen
- **Ist-Ermittlung** Daten in quantitativer und qualitativer Hinsicht;
  Zielkriterien sind: inhaltliche und formale Richtigkeit, Zuverlässigkeit, Nachvollziehbarkeit
- **Soll/Ist-Vergleich** Basis für Abweichungs-, Ursachen- und Konsequenzenanalysen
- **Abweichungen analysieren** Analyse nach Ausmaß, Ursache und Konsequenz
- **Projekt-informations-Berichte** Information der Projektauftraggeber über den Projektstatus (aktives Projektmarketing)

Gegenstände des Projektcontrolling sind:

- Aufgaben, Leistungen (Mengen)
- Qualität
- Termine
- Ressourcen/Kosten

Termine und Ressourceneinsatz/Kosten sind nur mit Bezug auf die Aufgabenerfüllung (Mengen und Qualitäten) sinnvoll zu behandeln.

Die integrierte Betrachtung von Leistung, Zeit und Kosten ermöglicht es im Fall von Abweichungen, in einer der genannten Dimensionen die Auswirkungen auf die jeweils anderen Größen darzustellen und frühzeitig optimale Steuerungsmaßnahmen zu setzen.

Für die detaillierten Schritte aus der Sicht des Projektmanagements (Ist-Datenerfassung bzgl. Leistung, Terminen und Ressourcen/Kosten) zur integrierten Betrachtung dieser Parameter, etwa entsprechend der Methode C/SCS (Cost/ Schedule Control System), sei auf die vertiefende Literatur verwiesen.

3.6.2 Das Projektinformationssystem im Controlling

Für das Projektcontrolling ist die Qualität der Dokumentation (Ergebnis und Prozeß), Präsentation (Visualisierung) und Moderation in Projektsitzungen sehr wichtig.

Diese Aufgaben werden im Projektinformationssystem abgebildet.

Tabelle 3.16 Koordinationssitzungen (Ausgangssituation, Zweck, Maßnahmen)

Sitzung	Ausgangssituation	Zweck	Maßnahmen
Projekt-teamsitzung	Das Projekt läuft; auf Basis der erstellten Pläne wird der Projektfortschritt überprüft. Inhaltliche Phasen des Projektes werden abgeschlossen und Zwischenergebnisse präsentiert	• Fortschrittsüberprüfung, Qualitätsüberprüfungen • Erfassung des Projektstatus • Vereinbarung der weiteren Vorgehensweise	• Präsentation der Arbeitsergebnisse • Konfliktbearbeitung, Schnittstellenkoordination • Überarbeitung der Projektpläne lt. Arbeitsfortschritt • Aufgabenverteilung für Folgephase

Tabelle 3.17 Berichte und Dokumentation im Controlling (Adressat, Zeit, Inhalt)

Bericht	Adressat	Zeitpunkt	Inhalt
Projekt-fortschritts-bericht Konfigura-tionsberichte	Projektauftraggeber und gesamte Projektorganisation	Zu den bei Projektbeginn vereinbarten Zeitpunkten (z.B. vierteljährlich) und Meilensteinen (anlaßbezogen oder periodisch)	Status von Leistungsfortschritt, Terminen, Kosten und Personaleinsatz Unterlagen zu Prozeß- und Ergebnisqualität Besondere Problemstellungen Dokumentation von Entscheidungsbedarf Gesamteinschätzung, nächste Schritte
Protokolle von Projekt-team-sitzungen	Projektteam	nach jeder Sitzung	Besprechungsinhalte, Ergebnisse, Termine und Durchführungsverantwortlicher (Stichwortprotokoll; evtl. handschriftlich)

Bericht	Adressat	Zeitpunkt	Inhalt
Zwischenergebnisse, Prüfberichte	Projektteammitglieder, Projektleiter, von den Ergebnissen betroffene Stellen	lt. Terminplan	lt. Definition bzw. gültiger Konfiguration, Umfang prüfungsspezifisch (Formulare und Hilfsmittel standardisiert – Leitfaden)
Projekthandbuch (beinhaltet auch das Konfigurationsbuch)	Gesamte Projektorganisation	Erstansatz zu Beginn; Ergänzung in regelmäßigen Abständen bzw. laufend	Instrument für große, komplexe Projekte mit vielen Beteiligten
Konfigurationsmanagementberichte	Projektauftraggeber und gesamte Projektorganisation einschließlich Subauftragnehmer	anlaßbezogen (evtl. auch periodisch)	Dokumentation von Änderungen (Anlaß, Auslöser, Verantwortung) Konfigurationsstand Status von Änderungen, Änderungsdurchführungen und Sonderfreigaben

Je nach Projektart sollte eine Mindeststruktur an qualitätsrelevanter Dokumentation zu den entsprechenden Meilensteinen definiert werden. Dies sollte am besten im Rahmen des Projektmanagementleitfadens erfolgen.

3.6.3 Qualitätsmanagement im Projektcontrolling

Die Qualitätsmanagement-Aufgaben im Projektcontrolling orientieren sich am Projektcontrolling-Regelkreis. Die verwendeten Methoden dienen der Steuerung der Produktqualität und der Prozeßqualität.

Folgende Schritte sind erforderlich:

- Erfassung der Ist-Daten
- Soll/Ist-Vergleich, Abweichungsanalysen
- Entwicklung korrektiver Maßnahmen
- Entscheiden, Anordnen und Durchführen der korrektiven Maßnahmen

Erfassung der Ist-Daten

Produktspezifische Ist-Daten werden vor allem im Rahmen der Zwischen- und Endprüfungen erhoben. Formulare und Hilfsmittel für diese Datenerhebung und -dokumentation sind üblicherweise im Rahmen des Projektleitfadens zusammengefaßt (vgl. Seite 173, Kapitel 4.4.5, Der Projektmanagement-Leitfaden – QM-Instrument im Projektorientierten Unternehmen).

Zusätzlich können hier Ist-Daten über Produkt- oder Projektaudits im Rahmen von Besuchen bei Unterlieferanten erfaßt werden. Entsprechende Maßnahmen sind jedoch vorab mit den jeweiligen Unterlieferanten zu vereinbaren.

Prozeßspezifische Daten zur Qualität des Abwicklungsprozesses können direkt mittels Fragebogen erhoben werden. Dabei ist besonders auf die Akzeptanz des angewendeten Instruments und der Methodik zu achten.

Indirekte Daten zur Prozeßqualität sind dabei aus konkreten Ergebnissen der Projektarbeit ableitbar (vgl. Seite 88, Kapitel 3.4.6, Qualität der Phase Projektabwicklung).

Die Ist-Datenerfassung erfolgt integriert mit der Erfassung des quantitativen Leistungsfortschritts und der Termin- und Kostensituation. Derartige Erfassungen sind periodisch oder entsprechend der Projektstruktur anlaßbezogen zu Meilensteinen im Terminplan vorzunehmen.

Soll/Ist-Vergleich, Abweichungsanalyse, Entwicklung korrektiver Maßnahmen

Im Soll/Ist-Vergleich werden die erhobenen Daten den Ziel- bzw. Planwerten gegenübergestellt.

Aus den Abweichungen, den festgestellten Ursachen und den daraus ableitbaren Konsequenzen sind Maßnahmen unterschiedlicher Ausrichtung zu treffen.

- Bei technisch/inhaltlichen Mängeln der Produktqualität, Verbesserung bzw. Nacharbeit veranlassen
- Straffung der Lieferantenkontrolle, evtl. Lieferantenaustausch
- Dokumentation der Abweichungen und Information im Sinne von Claim Management (Mitarbeiter, Partner, Lieferanten, Kunden, relevante Umfeldgruppen)
- Darstellung und Bewertung von Änderungsnotwendigkeiten (Konfigurationsmanagement)
- Verbesserungsmöglichkeiten der Projektabwicklung in Bereichen mit Abweichungen
- Einleitung von Korrektur- und Vorbeugungsmaßnahmen bei systembedingten Abweichungen

Entscheiden, Anordnen und Durchführung der korrektiven Maßnahmen

Die überlegten Maßnahmen werden entsprechend der organisatorischen Regelung zur Freigabe vorgelegt. Durch den Projektleiter bzw. ein definiertes Entscheidungsgremium (Lenkungsausschuß, Konfigurationsausschuß) werden die durchzuführenden Maßnahmen freigegeben.

Die Entscheidungen und deren Begründung werden dokumentiert, um Nachvollziehbarkeit und Transparenz zu gewährleisten.

Die Durchführungsergebnisse werden im Rahmen des nächstfolgenden Controlling-Meilensteines überprüft.

Die laufende Qualitätsdokumentation zu den festgelegten Meilensteinen stellt am Projektende die Nachvollziehbarkeit sicher und schafft Vertrauen in der Beziehung zum Kunden, da speziell bei komplexen Dienstleistungen der Abstraktionsgrad hoch und die Nachvollziehbarkeit dadurch schwierig ist.

3.6.4 Risikocontrolling

Aufgrund der Dynamik des Projektumfeldes ist Risikocontrolling sehr wesentlich. Eine ständige Beobachtung der identifizierten Ursachen und der getroffenen Maßnahmen ist wichtig.

Die Aufgaben im Risikocontrolling entsprechen ebenfalls einem Regelkreis.

Durch permanente Risiko-Beobachtung während des gesamten Projekt-Lebenszyklus und periodische Wiederholung der Risikoanalyse mit entsprechender Überarbeitung des Risikokatalogs lassen sich Bewertungsmaßstäbe schaffen, die es erlauben, den Erfolg eingeleiteter Maßnahmen zur Risikominimierung zu beurteilen.

Gegebenenfalls müssen entsprechende Änderungen vorgenommen werden.

3.7 Begleitphase Verbesserung

Die Phase der Verbesserung im Ablauf eines Projektes dient im wesentlichen zwei Aufgaben:

- Verbesserung des konkreten Projektergebnisses (ähnliche Aufgaben und Methoden wie in der Phase der Durchführung, Arbeit an der Qualität von Produkt und Prozeß bzw. am Objekt- und Handlungssystem)
- Verbesserung des Systems (Arbeit an der Qualität des Potentials bzw. des Handlungsträgersystems)

3.7.1 Verbesserung des Systems – die lernende Organisation

Die Verbesserung des Systems selbst setzt die Schaffung von entsprechenden organisatorischen Grundlagen voraus. In allen Phasen des Projektes und vor allem in der Verbesserungsphase werden die Erkenntnisse aus dem Projekt zusammengefaßt und für die Verbesserung des Systems genutzt.

Tabelle 3.18 Verbesserung des Systems „Organisation“ nach Juran

Qualitätsplanung	Qualitätsregelung	**Qualitätsverbesserung**
• Festlegung von Zielen und Prioritäten • Planung und Festlegung der Projektorganisation • Identifizierung des (der) Kunden, Bestimmung der Kundenbedürfnisse • Planung von Abläufen im Projekt zur Erreichung der Projektziele	• Beurteilung des aktuellen Qualitätsstandes • Vergleich der aktuellen Leistung mit den Qualitätszielen • Durchführung der erforderlichen Maßnahmen bei Abweichungen	• Überprüfung der Notwendigkeit von Abläufen, Richtlinien und Infrastruktur • Ermittlung von Verbesserungsprojekten, Einleitung von Korrektur- und Vorbeugungsmaßnahmen • Zusammenstellung von Verbesserungsteams • Versorgung der Teams mit Ressourcen, Ausbildung und Motivation zur Ermittlung der Ursachen und zur Anregung von Korrekturmaßnahmen • Einführung von Kontrollen zur Wahrung des verbesserten Qualitätsstandards

3.7.2 Kaizen – Grundprinzip der Verbesserung in Projekten

Akzeptanz des Wandels

Kaizen heißt Verbesserung in kleinen Schritten an allen Ansatzpunkten.

Kaizen baut darauf auf, in der Verhaltensorientierung einen positiven Zugang zum Wandel zu haben, also Veränderung in kleinen, stetigen Schritten als positiv zu empfinden und nicht am Status quo zu beharren. Wandel ist in Japan, dem Ursprungsland von Kaizen, ein Teil der Lebensart.

Dieser Wandel, die Veränderung, soll im Sinne einer Verbesserung geschehen.

Herbeiführung von Verbesserung

Kaizen bedeutet Verbesserung. Mehr noch, Kaizen heißt ständige Verbesserung, in die Führungskräfte und Mitarbeiter einbezogen sind. Die Philosophie von Kaizen geht von der Annahme aus, daß unsere Art zu leben (Berufsleben, Privatleben) einer ständigen Verbesserung bedarf.

Kaizen bedeutet demnach ständige Verbesserung. Die Botschaft von Kaizen heißt: **Kein Tag ohne Verbesserung.**

Mitarbeiterorientierung, Eigenverantwortung

Kaizen ist sowohl ein bottom-up, als auch ein top-down-Ansatz. Die Mitarbeiter haben das Potential, Verbesserungsmöglichkeiten zu erkennen und das Know-how, kompetente Vorschläge einzubringen. Das Management muß die Bereitschaft zur Verbesserung zeigen, dokumentieren und die entsprechenden Rahmenbedingungen schaffen und pflegen.

Um einerseits Verbesserungsvorschläge in einer vergleichbaren und auswertbaren Struktur zu erhalten und andererseits in der Praxis die detailliert ausgearbeiteten und genehmigten Vorschläge auch umsetzen zu können, sind entsprechende Fortbildungsmaßnahmen zu setzen.

Aus der Mitverantwortung aller Mitarbeiter, die ja auch die Chance der Mitgestaltung beinhaltet, wird sichtbar, daß Kaizen auf einem mitarbeiterorientierten Ansatz fußt.

Kaizen hat demgemäß das gesamte Spektrum der Projektarbeit zu umfassen. Es beginnt bei der Art und Weise, wie Mitarbeiter selbstverantwortlich ihre Aufgaben ausführen, setzt fort bei der Verbesserung von Hilfsmitteln und Richtlinien und reicht bis zur Verbesserung von Systemen und Verfahren.

Kaizen ist somit allgegenwärtig, deshalb gilt in vielen japanischen Unternehmen, daß 50 % der Zeit einer Führungskraft für Kaizen aufzuwenden ist.

Prozeßorientierung anstatt Ergebnisorientierung

Aufbauend auf dem Gedankengut und den Konzepten von TQC (Feigenbaum) und CWQC (Ishikawa) haben japanische Unternehmen mit der Entwicklung von Kaizen, der Einführung eines prozeßorientierten Denkens und der Entwicklung von Strategien zur ständigen Verbesserung der Prozesse, viele Vorteile herausgearbeitet.

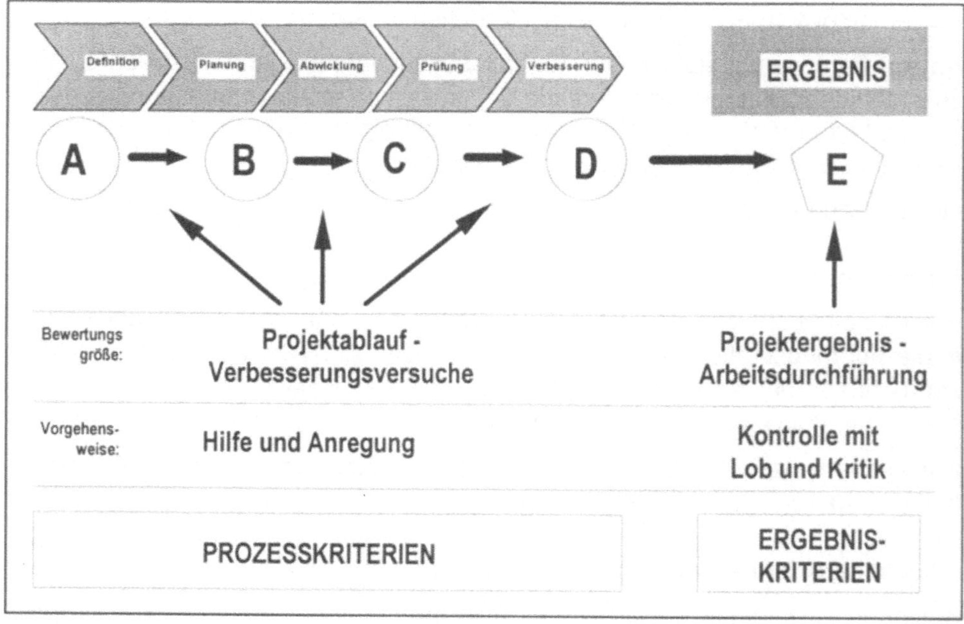

Bild 3-16 Prozeßkriterien versus Ergebniskriterien

Aus obiger Grafik wird die notwendige Veränderung in der Projektsicht und im Vorgehen deutlich:

Die verstärkte Konzentration auf den Projektablauf und die Verbesserungsversuche bilden den wesentlichen Inhalt der Prozeß- und Mitarbeiterorientierung.

Vorgehensmodell PDCA (Plan-Do-Check-Act)

Die Grundprinzipien Kunden- und Mitarbeiterorientierung und Eigenverantwortung und das Vorgehensmodell Plan-Do-Check-Act (PDCA) als Denkansatz unterstützen hervorragend den prozeßorientierten Zugang im Projekt und Projektorientierten Unternehmen.

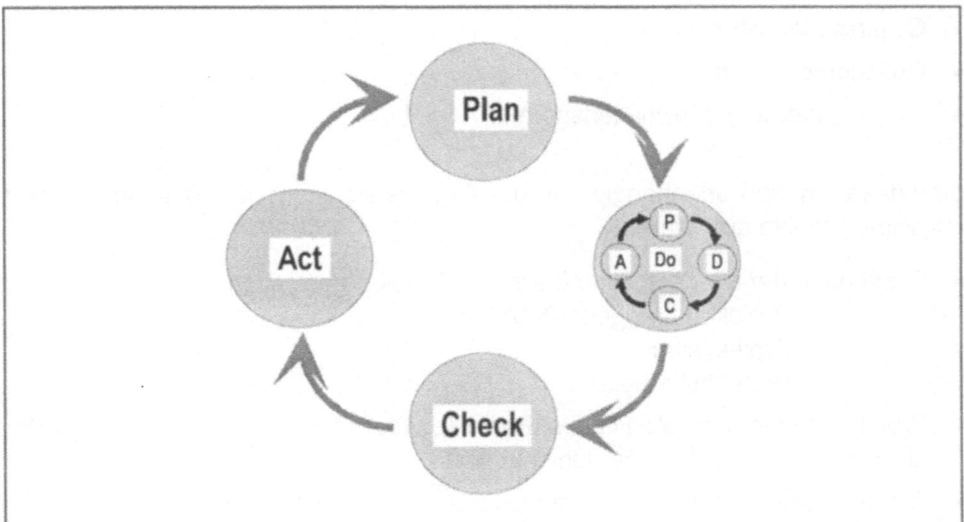

Bild 3-17 PDCA innerhalb des PDCA-Zyklus

Dieser Zyklus gilt in allen Ebenen des Unternehmens und damit auch für die Projektarbeit.

Die Detaillierungsebenen gehen selbstähnlich auseinander hervor.

3.8 Begleitphase Projektorganisation und Teamarbeit

In Abhängigkeit von den unterschiedlichen Projektkriterien (Komplexität, Umfang, Neuartigkeit, intern/extern, etc.) gibt es verschiedene Formen und Möglichkeiten zur Gestaltung von Projektorganisationen.

Die allgemeingültig ideale Projektorganisation gibt es nicht!

Entsprechend der Gestaltung der Projektorganisation sowie deren Einbindung in die Unternehmensorganisation (vgl. Seite 125, Kapitel 4.3, Organisation in Projektorientierten Unternehmen) werden die Rollen innerhalb des Projekts, die Kompetenz- und Verantwortungsverteilung und die Kommunikationsstruktur im Projekt beeinflußt.

Folgende Bestimmungsgrößen bieten Gestaltungsmöglichkeiten:

- Organisationsstrukturen
- Rollendefinitionen
- Regeln, Werte und Verhaltensnormen

Grundsätzlich sind unabhängig von der Organisationsform im einzelnen Projekt folgende Aspekte abzuklären:

- Festlegung der Mindestbestandteile der Projektorganisation
  - Projektauftraggeber/Kunde
  - Projektleiter
  - Projektmitarbeiter
- Projektmanagement als Hauptaufgabe (permanente Aufgabenerfüllung) oder als Teilaufgabe neben einer Linienfunktion
- Aufgaben, Kompetenz und Verantwortung des Projektleiters

3.8.1 Organisationsstrukturen

Die Unternehmensorganisation ist in Verbindung mit der bestehenden Unternehmenskultur und -strategie die bestimmende Größe für die Gestaltung der Projektorganisation.

Die Projektorganisation wird sinnvollerweise grafisch dokumentiert und mit dem Auftraggeber abgestimmt (Projektorganigramm).

Die Schnittstellen zu anderen Bereichen im Unternehmen und zu Kunden bzw. Lieferanten werden über diese Organisationsstruktur geklärt.

Entsprechende Kommunikationsstrukturen formalen Charakters werden im folgenden Beispiel an den Schnittstellen (Doppellinien) durch das Projektinformationssystem abgebildet.

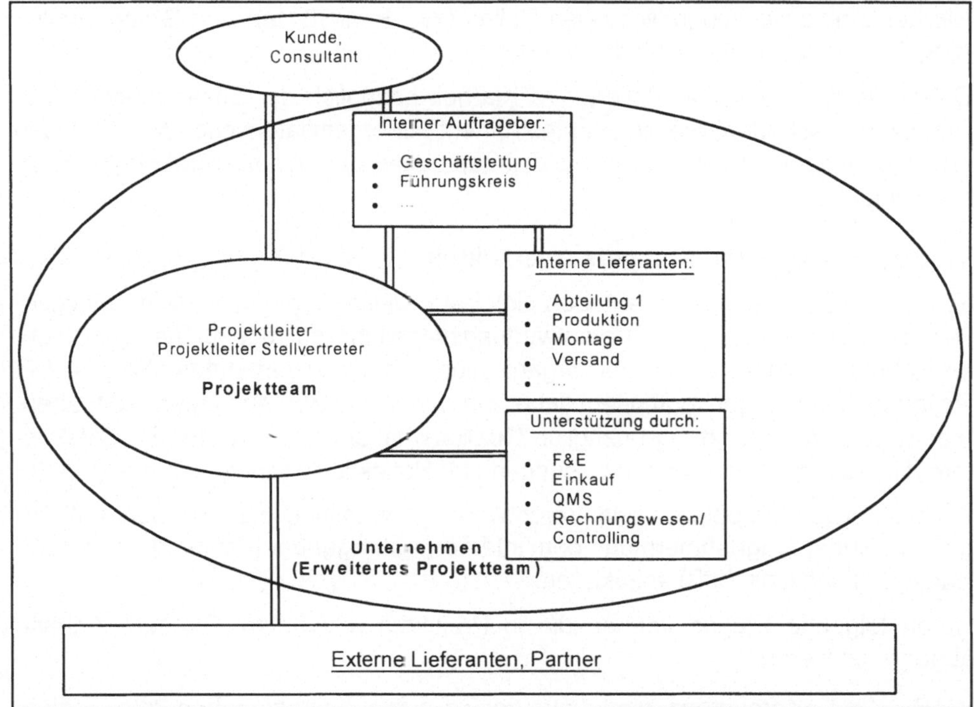

Bild 3-18 Projektorganigramm

3.8.2 Rollendefinitionen

Eine Rolle sei definiert als die Gesamtheit an Erwartungen, die an den bzw. die Inhaber einer Position gerichtet sind. Sie kann demnach nur in Zusammenhang mit der Position sowie den Erwartungen an diese Position gesehen werden.

In Abhängigkeit von der vorhandenen Organisationsstruktur lassen sich folgende wichtige Rollen in Projekten definieren:

- Interner Projektauftraggeber
- Lenkungsausschuß/Projektbeirat/Konfigurationsausschuß
- Projektleiter, Projektleiterassistent
- Projektteammitglied
- Projektmitarbeiter
- Subteamleiter
- Externer Auftraggeber/Kunde
- Lieferant, externer Partner

Hierbei kann zwischen individuellen Rollen (z.B. Projektleiter) und Gruppenrollen (z.B. Projektteam) unterschieden werden.

Durch die Definition von Rollen wird Klarheit bezüglich der Zusammenarbeit in Projekten geschaffen. Sie sind ein Instrument zur organisatorischen Gestaltung in projektorientierten Unternehmen und unterstützen die soziale Strukturierung eines Projekts.

Verantwortungs- und Kompetenzverteilung

Je nach Organisationsform ergeben sich bei Projekten unterschiedliche Möglichkeiten die Kompetenz- und Verantwortungsverteilung zu regeln. Dies geschieht im Rahmen der Gestaltung der Organisation des jeweiligen Unternehmens. Die Rollenbeschreibungen enthalten dabei die wichtigen Abgrenzungen. Aufgaben, Inhalte und Verantwortung bezüglich Qualitätsmanagement werden im QM-System (Handbuch, Verfahrensanweisungen und Projektleitfaden) zusammengefaßt.

So sind etwa Kompetenz- und Verantwortungsverteilung mit externen Auftraggebern, Subauftragnehmern und dem internen Auftraggeber (Lenkungsausschuß, Konfigurationsausschuß) abzuklären.

Durch folgende Fragen können die in Projekten relevanten Kompetenzinhalte abgegrenzt werden:

WAS	Kompetenz, die Inhalte der Teilaufgaben vorzugeben, zu veranlassen und die **quantitative** Leistungserfüllung zu kontrollieren
WIE GUT	Kompetenz, die **qualitative** Leistungserfüllung vorzugeben und zu kontrollieren
WIE TEUER	Kompetenz, Projektkosten zu entscheiden und zu kontrollieren
WER	Kompetenz zu entscheiden, welcher Mitarbeiter mit der Erfüllung einer Teilaufgabe beauftragt wird
WIE	Kompetenz zu entscheiden, welche Verfahren, Techniken, Hilfsmittel etc. der Projektmitarbeiter einsetzen soll
WANN	Kompetenz, die Projekttermine festzulegen und zu kontrollieren

Eine Möglichkeit der Darstellung der eindeutigen Aufgaben- und Kompetenzverteilung zwischen allen Beteiligten im Projekt geschieht mit Hilfe eines Funktionendiagramms.
Im Funktionendiagramm werden den einzelnen Arbeitspaketen (speziell bei komplexen Arbeitspaketen) Rollenträger mit ihren unterschiedlichen Funktionen zugeordnet.

Das Funktionendiagramm hat folgenden Zweck: Es ist Instrument

- zur Zielvereinbarung
- zum Konfliktmanagement
- zur Integration (Kapazitätsbelastung, Synergien, Know-how-Transfer)
- zur Dokumentation

Projektrolle: Arbeitspakete: (Aufgaben)	Projekt-auftrag-geber	Projekt-manager	Verkauf	Techniker	usw. ⇨		
Basic-Engineering	I	D	M	D			
Grobplanung	I	D	M				
usw. ⇩							

Legende:

D .... Durchführungsverantwortung (veranlaßt, überwacht)
E .... Entscheidung
M .... Mitarbeit unterschiedlicher Art (Informationsbereitstellung, Durchführung, etc.)
I .... Information (wird informiert)

Bild 3-19 Funktionendiagramm

Die Erstellung eines Funktionendiagramms sollte vor allem für komplexe, unklare Arbeitspakete erfolgen. Symbole und Abkürzungen sollten möglichst eindeutig und verständlich sein. Je Arbeitspaket sollte das Symbol D (Durchführungsverantwortung) nur einmal aufscheinen.

3.8.3 Regeln, Werte und Verhaltensnormen

Regeln, Werte und Verhaltensnormen stellen wichtige Ansätze für die Gestaltung der Prozeßqualität in Projekten dar.

Regeln

In der Stammorganisation jedes Unternehmens besteht eine Reihe von Regelungen für standardisierte Arbeitsabläufe. Viele der vorhanden Regeln sind in einem QM-System oder einem Organisationshandbuch erfaßt.

Für Projekte, mit ihrer eigenen Organisationsstruktur und eigenen Aufgaben, sind solche Regeln jeweils projektspezifisch zu entwickeln.

Es sind dies Regelungen betreffend

- Unterschriftsbefugnisse
- Projektinformationsfluß – Postverteilung, Projektdokumentation
- Abrechnungsmodalitäten
- Häufigkeit und Periodizität von Sitzungen

Projektorientierte Unternehmen besitzen generell gültige Regelungen speziell für die Abwicklung von Aufgaben in Projektform (z.B. ein Projektmanagementleitfaden).

Hier müssen nur noch jeweils ergänzende, projektspezifische Regelungen im Team vereinbart werden.

Werte und Normen

Projektspezifische Werte sollen, aufbauend auf den Unternehmensleitlinien und der Qualitätspolitik des Unternehmens, im Projektteam Orientierung und Handlungsanleitung für die laufende Projektarbeit geben.

Sie sollen neben der Identifikationsmöglichkeit auch die Abgrenzung zu anderen Projekten und der Routinetätigkeit (Linienfunktion) schaffen.

Folgende Fragen bei der Entwicklung dieser Werte und Normen können hilfreich sein:

- Welche Grundausrichtung hat das Unternehmen (Vision, Mission)?
- Was ist dem Projektteam wichtig?
- Wie verhalten wir uns wesentlichen Personen gegenüber, wie machen wir unsere Grundeinstellung sichtbar?
- Was ist ein Erfolg unseres Projektes?

Die eigenständige Kultur in Projektteams wird häufig durch die Entwicklung eigener Regeln, Hilfsmittel und Standards verstärkt. Diese Hilfsmittel und Standards können einem bestehenden QM-System und den dort festgelegten Regeln allerdings teilweise widersprechen. Diese Konfliktsituation ist vom Projektleiter anzusprechen und zu behandeln.

3.8.4 Teamarbeit, Mitarbeiterführung im Projekt

Projekte und Projekterfolg basieren in großem Ausmaß auf Teamarbeit. Die Entwicklung eines Teams im Rahmen eines Projektes ist dabei von der Umfeldsituation im jeweiligen Unternehmen abhängig. Innerhalb des Projektteams verfügen Projektteammitglieder über relativ große Freiheiten, stehen jedoch auch unter erhöhtem Leistungsdruck.

In dieser Situation ist die Führung des Teams, die Teamentwicklung, die Gestaltung der Teamarbeit und die Bewältigung von Konflikten im Team eine große Herausforderung für den Projektleiter.

3.9 Projektabschluß

Der Projektabschluß ist als ein Ereignis am Ende eines Projektes klar definiert. Die gesamte Abschlußphase eines Projektes beginnt mit der Prüfung und Übergabe, beinhaltet die Einleitung von Verbesserungsmaßnahmen und führt zu dem genannten klaren Abschlußereignis.

Je nach Objekt(Produkt)lebensphase, die von dem abzuschließenden Projekt betroffen ist (vgl. Seite 31, Kapitel 2.5.1, Objekt (Produkt – Lebensphasen), gibt es nach einem formalen Abschlußereignis meist noch Restaufgaben (Nachkalkulation, Dokumentation, etc.) und möglicherweise weitere Folgeaufgaben bzw. Folgeaufträge (Service, Wartung, Betreuung, etc.), die jedoch nicht mehr als Teil des eigentlichen Projektes anzusehen sind.

3.9.1 Interner Projektabschluß

Der interne Projektabschluß erfolgt in Form einer Sitzung mit klarem Feedback an die Projektmitarbeiter. Die Abschlußsitzung für ein Projekt ist ein wichtiges Instrument für den inhaltlichen und emotionalen Projektabschluß.

Tabelle 3.19 Abschlußsitzung – Ausgangssituation, Ziele und Vorgehen

Sitzung	Ausgangssituation	Ziele	Vorgehen
Projekt-abschluß-Sitzung „Es ist schwieriger ein Projekt systematisch zu beenden, als zu starten!“	Der Projektabschluß ist nicht bloß ein bestimmter Zeitpunkt, sondern eine Phase, die sich über einen längeren Zeitraum hinzieht. Merkmale: • unattraktive Restaufgaben • neue Aufgabenstellungen außerhalb des Projektes für die Teammitglieder • bei gut funktionierenden Teams Interesse am Fortbestand dieses Teams.	• Inhaltlicher Abschluß durch Vereinbarung der durchzuführenden Restaufgaben • Emotionaler Abschluß • Analyse der Konsequenzen auf die Nach-Projekt-Phase • Erfolgsbewertung des Projektes, Reflexion der Erfahrungen mit Mitarbeitern und Auftraggeber • Sicherstellung des erworbenen Know-hows • Erstellung des Projektabschlußberichts • Einleitung von Korrektur- und Vorbeugungsmaßnahmen (entsprechend der Festlegungen im QM-System)	Durchführung der Projektabschlußsitzung im Projektteam samt internem Auftraggeber • Erfolgsbewertung zum Ergebnis und Feedback zum Prozeß • Verteilung Veranlassung der Erledigung der Restaufgaben • Auflösung des Projektteams • Erstellung des Projektabschlußberichts • Weitergabe der Korrekturmaßnahmen an QM

Tabelle 3.20 Berichte und Dokumentation zum Projektabschluß

Bericht	Adressat	Zeitpunkt	Inhalt, Umfang
Projekt-abschluß-bericht	Projektauftraggeber und gesamte Projekt-organisation	zu Projektende	Darstellung der Projektergebnisse: Leistungen, Qualität, Termintreue, Kosten und Personaleinsatz Besondere Ereignisse im Projekt-verlauf Aufgaben nach Projektende, mögliche Folgeaufgaben (-projekte), Claim Verfolgung – Restaufgaben
Protokolle von Projekt-team-sitzungen	Projektteammitglieder, Projektleiter, von den Ergebnissen betroffe-ne Stellen	nach jeder Sitzung	Besprechungsinhalte, Ergebnisse, Termine und Durchführungsverant-wortlicher Umfang knapp; Stichwort-protokoll; evtl. handschriftlich
Projekthand-buch (inkl. Konfigura-tionsbuch)	Gesamte Projektorganisation	Erstansatz zu Beginn; Updating in regelmäßigen Abständen; z.B. vierteljährlich Abschluß zum Ende	Instrument für große, komplexe Pro-jekte mit vielen Beteiligten Am besten als Lose-Blatt-Sammlung zum leichteren Austauschen und Ergänzen

3.9.2 Externer Projektabschluß

In Abstimmung mit dem externen Auftraggeber bzw. Kunden wird das Ereignis des (externen) Projektabschlusses vereinbart. Wichtige Voraussetzungen für den externen Projektabschluß sind die Prüfungen und formalen Abnahmen bzw. Leistungsnachweise wie im Auftrag vereinbart (vgl. Seite 89, Kapitel 3.5, Phase Projektprüfung, Übergabe).

Je nach Projektart ist mit dieser Übernahme des Projektergebnisses meist nur eine provisorische Übernahme verbunden. Die endgültige Übernahme erfolgt speziell bei Investitionsprojekten erst nach Ablauf einer Gewährleistungs- bzw. Evaluierungsfrist. In dieser Frist sind Mängelbehebungen, Garantieleistungen und die Abwicklung von Restzahlungen zu koordinieren. Diese Aufgaben fallen üblicherweise in den Bereich der Restaufgaben nach dem internen Projektabschluß und werden in der Verantwortung des Projektleiters erledigt. Der Projektleiter bleibt bis zur vollständigen Übernahme des Projektergebnisses für die offenen Punkte verantwortlich.

Aus Sicht der **Claim Verfolgung** gibt es in der Abschlußphase, die auch gleichzeitig die gesamte Endabrechnung beinhaltet, viele Aufgaben:

Noch nicht geklärte bzw. abgerechnete Claims müssen bezüglich ihrer weiteren Handhabung (Klage, Schiedsgericht, Kulanz, Gegenrechnung mit Folgeprojekten etc.) entschieden werden. Die diesbezüglichen Restaufgaben und deren Dokumentation liegt ebenfalls noch in der Durchführungsverantwortung des Projektleiters.

3.10 Ergänzende Hilfsmittel und Beispiele

Folgend werden Beispiele ohne Unternehmensspezifika und -namen sowie zusätzliche Leerformulare und Hilfsmittel angeführt.

Projektdefinition

Projekt, Projekt Nr.:	**Umbau einer bestehenden TMP-Refineranlage**	**Erstellt:** Walder	**Datum:** 07.01.97	**Freigabe:**

Ausgangssituation und Problemstellung für das Projekt:

- Bestehende Refineranlage
- Erneuerung der Hauptaggregate, aufgrund unwirtschaftlich werdender Reparaturaufwendungen und zu hohem spezifischen Energieverbrauch unumgänglich
- Hohe Anlagenauslastung – dadurch möglichst schneller, für den Restbetrieb nicht störender Umbau erforderlich

Projektziele:

Kundensicht

- Reduktion Energiekosten, Reduktion des Wartungsaufwandes
- Steigerung der Outputmenge bei verbesserter Wirtschaftlichkeit
- Verbesserung der ökonomischen Betriebskennzahlen (z.B. Wärmerückgewinnung)
- Vereinfachung des Betriebes und der Steuerung

Lieferantensicht

- Umsetzung der Kundenwünsche
- Neue Prozeßtechnologie zur energiesparenden Herstellung von TMP-Stoff (Thermo-Mechanical Pulp) breit am Markt einführen
- Optimale Projektabwicklung (Referenzprojekt) bis zur Abnahme durch den Kunden

Projektbeschreibung (Hauptaufgaben, Inhalte, Leistungsumfang):

- Planung und Engineering
- Durchführung der Basis und Detailplanung
- Lieferung des Main-Equipment (Refiner, Blasleitungen, Wärmerückgewinnung, Feldinstrumente, etc.)
- Montage und Inbetriebnahme
- Garantielauf

Kritische Erfolgsfaktoren:

- Prozeßfähigkeit der neuen Technologie
- Anlagenumgebung problematisch – Montage unter zeitlich und technisch komplexen Randbedingungen
- Optimale Bearbeitung der technischen Schnittstellen Bestand/Neuanlage

Wichtige Projekttermine

Projektstart:	Bestellung wirksam	....
Projektende:	Abnahme nach Garantielauf	....
Meilensteine:	Planfreigaben durch Kunde abgeschlossen	....
	Lieferung komplett (nach Baugruppen)	....
	Start Demontage	....
	Start Montage	....
	Inbetriebnahme	....
	Abschluß Gefahrenübergang	....

<table>
<tr><td>Projekt,
Projekt Nr.:</td><td>Umbau einer bestehen-denTMP-Refineranlage</td><td>Erstellt:
Walder</td><td>Datum:
07.01.97</td><td>Freigabe:</td></tr>
<tr><td colspan="5">Projektorganisation:
Projektauftraggeber: Kunde, intern GL
Projektleiter, Projektteam:
Projektteam Kunde:
Partner:</td></tr>
<tr><td colspan="5">Kosten: Lt. Kalkulation – (Anlage)</td></tr>
</table>

Bild 3-20 Beispiel Projektdefinition

Umfeldanalyse (sozial, mit eingetragenen Beispielen für Umfeldgruppen)

Umfeld-gruppen	**Bedeutung Macht (1-5) 5...Stark**	**Informationen zur Umfeldgruppe**	**+... Erwartungen –...Befürchtungen**	**Maßnahmen, Strategien**
Kunde				
Projektleiter Kunde				
Projektteam				
Landesinter-ressens-vertreter				
Consultant Kunde				
Lokaler Mitbewerb				
Internat. Mitbewerb				
Partner				
Lokale Fertiger				
Fertigungs-firmen				

Bild 3-21 Leerformular Umfeldanalyse

Risikoanalyse

Projekt, Projekt Nr.:			Bearbeiter:			Datum:
Arbeits paket	**Bezeichnung Risiko**	**mögliche Ursachen**	**Wert**	**%-Satz**	**Poten-tial**	**Maßnahmen**
	Preisrisiko Bonität Liefer- und Handelsgeschäfte Frachten und Zölle / Gebühren Eigenpersonal Abwicklungsgemeinkosten Kalkulationsrisiko Versicherungsselbstbehalte					
	Technische Risiken: Technisches Mengenrisiko Technologierisiko Materialzukäufe Techn. Funktion – Pönale Technologie – Pönale					
	Abwicklungsrisiken: Terminrisiko – Pönale					
	Länderrisiko: Länderrating Del Credere Währungsrisiko (Kursdifferenzen) – aus Umsatzerlös – aus Zukäufen – aus Finanzierung Länderspezifische Normen und Steuern Handelsrestriktionen					
	Partner, Lieferanten: Haftungsrisiko f. Konsortialpartner Fremdleistungen / Engineering Fremdpersonal					
	Sonstige Risiken					
	Summe Risiken					
Potential = Wert des Risikos mal %-Satz der Eintrittswahrscheinlichkeit (geschätzt)						

Bild 3-22 Leerformular – Arbeitsblatt zur Risikoanalyse

Projektstrukturplan

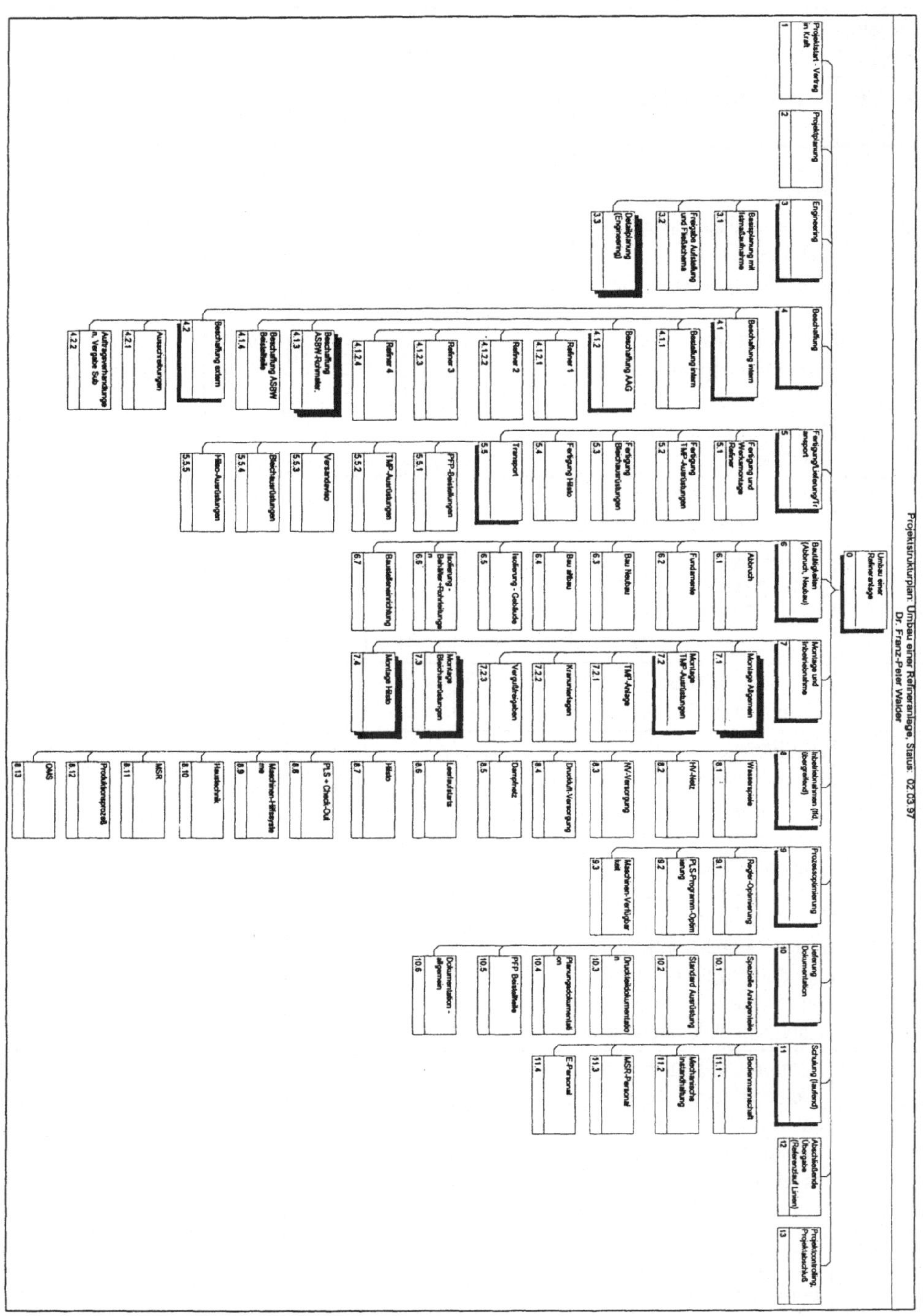

Bild 3-23 Beispiel Projektstrukturplan

Terminplan, Balkenplan

Dr. Franz-Peter Walder — Terminplan - grobe Übersicht — Stand: Zum Projektstart

Umbau einer Refineranlage

Nr.	Vorgangsname
	Umbau einer Refineranlage
1	1 Projektstart - Vertrag in Kraft
2	2 Projektplanung
3	3 Engineering
4	3.1 Basisplanung mit Istmaßaufnahme
5	3.2 Freigabe Aufstellung und Fließschema
6	3.3 Detailplanung (Engineering)
34	4 Beschaffung
35	4.1 Beschaffung intern
48	4.2 Beschaffung extern
51	5 Fertigung/Lieferung/Transport
62	6 Bautätigkeiten (Abbruch, Neubau)
70	7 Montage und Inbetriebnahme
100	8 Inbetriebnahmen (lfd, übergreifend)
114	9 Prozessoptimierung
118	10 Lieferung Dokumentation
125	11 Schulung (laufend)
130	12 Abschließende Übergabe (Referenzlauf Linien)
131	13 Projektcontrolling, Projektabschluß

Jahr 1: J J A S O N D — Jahr 2: J F M A M J J A S O N D — J F M A

Seite 1 / 1

Bild 3-24 Beispiel Terminplan, Balkenplan (grob)

Qualitätsplan (projektspezifisch)

Der gesamte Qualitätsplan für ein Projekt faßt die Einzelaktivitäten übersichtlich zusammen, ordnet sie terminlich zu und bildet die Übersicht, bzw. Schnittstelle zu standardisierten Qualitätsplänen, Prüfplänen und weiteren Nachweisen.

Projekt, Projekt Nr.:		Projektleiter:	Datum

Prozeßqualität – Ablaufschritte, Terminzuordnung der Prüfpunkte			
Arbeitsschritte in der Abwicklung (lt. PSP und Terminplan)	**Verantwortlich**	**Termin**	**Erledigung, offen, Anlagen**

Produktqualität – Materialzertifikate, Prüfungen				
Merkmale, Prüfungen	**Grundlage (Zeichnung, Norm)**	**Nachweis (z.B. Prüf-protokoll)**	**Verantwortlich, Termin**	**Erledigung, offen, Anlagen**

Produktqualität – Qualitätspläne von Bauteilen, Prüfpläne, Funktions- bzw. Vollständigkeits-prüfungen				
Bauteil, Funktion, Bereich	**Grundlage**	**Nachweis (z.B. Prüf-protokoll)**	**Verantwortlich, Termin**	**Erledigung, offen, Anlagen**

Bild 3-25 Leerformular Qualitätsplan – projektspezifisch

Prüfplan

Projekt **Projekt Nr.:**		**Projektleiter:**	**Datum**

Bauteil::

Install. Zeichnung Nr.: .... **Lief. Zeichnung Nr.:** ....

Teilnehmer/Gesprächspartner/Verteiler (V):

1. **Allgemein**

Das Stichprobenergebnis ist ☐ positiv ☐ negativ

Eine Wiederholungsprüfung ist ☐ notwendig ☐ nicht notwendig

Die Kosten der Prüfung gehen zu Lasten des Auftragnehmers. ☐ ja ☐ nein

Der Wiederholungsprüftermin ist voraussichtlich am..

und bedeutet im Vergleich zum Bestelliefertermin eine Verzögerung von ....Wochen

Fotodokumentation .... Bilder

Die techn. Freigabe zum Weiterverarbeiten / Versand wird erteilt. ☐ ja ☐ nein

Diese Prüfung enthebt dem Lieferant (Auftragnehmer) keinesfalls seiner im Rahmen der Gewährleistung eingegangenen Verpflichtungen, auch dann nicht wenn Mängel erst nach Auslieferung oder noch innerhalb der Gewährleistung auftreten.

2. **Technische Prüfung** ***(am Beispiel Hydraulikaggregat)***

2.1 **Beistellteile:**

....

....

....

....

2.2 **Lieferumfang:**	geliefert	konserviert	montiert
....	O	O	O
....	O	O	O
....	O	O	O

Projekt **Projekt Nr.:**		**Projektleiter:**	**Datum**

2.3 **Prüfpunkte:**	in Ordnung	nicht in Ordnung	
Prüfungen lt. Prüfplan	O	O	
allgemeiner /optischer Eindruck	O	O	
Meßstellenbezeichnungen	O	O	
Einstellung der Niveauschalter	O	O	
Verschraubungen entgratet	O	O	
Spannungen angegeben	O	O	
Leistungen angegeben	O	O	
richtige Klemmenbezeichnung	O	O	
eingebaute Filtertype	O	O	
Druchflußwächter	O	O	
Voreinstellung der Schalter	O	O	
Tank gereinigt	O	O	
Drehrichtung der Pumpe	O	O	
Überprüfung d. Funktionstüchtigkeit	O	O	
Probelauf durchgeführt	O	O	
Dichtheit	O	O	
Lackierung / Farbton	O	O	
Dimensionen der Anschlüsse	O	O	
Demontage der div. Teile möglich	O leicht	O schwer	O unmöglich
Sonstige			
....	O	O	
....	O	O	
....	O	O	

3. **Dokumentation**	in Ordnung	nicht in Ordnung	fehlt
Dokumentation lt. Prüfplan	O	O	O
Zusätzlich geforderte Dokumentation	O	O	O

Bild 3-26 Beispiel Prüfplan

Qualitätsplan (Standard für Schneckenförderer)

Projekt Projekt Nr.:			**Bauteil:**		**Datum:**					
Projekt Nr.: Auftragnehmer:		Zeichnungs-Nr.:		Menge:	Werkstoff:					
QM-Akt. Nr.	QM-Aktivitäten	Prüf-umfang:	Prüf-grundlage:	Prüf-nachweis:	Prüfung durch					Geplanter Prüf-termin:
					F1	F2	F3	F4	F5	
1.	**VORMATERIAL PREMATERIAL**									
1.1.	Materialzert. prüfen	100 %	EN 10204	Zeugnis / Herst		R				
2.	**ZERSTÖRUNGSFREIE PRÜFUNGEN VON SCHWEISSNÄHTEN NONDESTRUCTIVE TESTS OF WELD SEAMS**									
2.1	Visuelle Prüfung	100 %	Zeichnung			I				
2.2	Eindringmittel-prüfung an Duplierung und Wendeln	100 %	DIN 54152	Protokoll		I				
3.	**FERTIGUNG / ENDPRÜFUNG / ABNAHMEPRÜFUNG IM WERK MANUFACTURING / FINAL INSPECTION / ACCEPTANCE INSPECTION AT WORKSHOP**									
3.1	Produktkenn-zeichnung prüfen	100 %	Spezifika-tion			I				
3.2	Bauteil in geheftetem Zustand prüfen	100 %	Zeichnung			I				
3.3	Abmessungs-prüfung	100 %	Zeichnung	Protokoll		I				
3.4	Rundlauf-prüfung	100 %		Protokoll		I				
3.5	Dichtheits-prüfung	100 %		Protokoll		I				
3.6	Korrosions-schutz-prüfung	ST				I				
3.7	Probelauf	30 min.		Protokoll		I				

Projekt **Projekt Nr.:**		**Bauteil:**	**Datum:**
Projekt Nr.: Auftragnehmer:	Zeichnungs-Nr.:	Menge:	Werkstoff:

QM-Akt. Nr.	QM-Aktivitäten	Prüfumfang:	Prüfgrundlage:	Prüfnachweis:	Prüfung durch					Geplanter Prüftermin:
					F1	F2	F3	F4	F5	
3.8	Visuelle Prüfung	100 %	Zeichnung			I				
3.9	Konformität zu Fertigungsunterlagen	100 %	Zeichnung			I				
3.10	Abnahmeprüfung durch Kunden	100 %	Vertrag / Zeichnung	Protokoll	H					
4.	**VERSAND**									
4.1	Vollständigkeit der Lieferung prüfen	100 %	Zeichnung/ Stücklisten			I				
4.2	Verpackung und Beschriftung prüfen	100 %	Spezifikation			I				
4.3	Versandpapiere prüfen	100 %	Spezifikation			R				
5.	**ENDDOKUMENTATION**									
5.1	Technische Dokumentation prüfen	100 %	Vertrag	Freigabe	R					
5.2	QM-Dokumentation prüfen	100 %	Vertrag	Freigabe	R					

F1	=	Auftraggeber	I	=	Inspektionspunkt
F2	=	Auftragnehmer	W	=	Meldepunkt
F3	=	Unterlieferant	H	=	Haltepunkt
F4	=	Behörde	R	=	Überprüfung von Dokumenten
F5	=	Endkunde			

Bild 3-27 Beispiel Qualitätsplan – produktspezifischer Standard

Leerformular Besprechungsprotokoll

<table>
<tr><td>Projekt:</td><td colspan="2">Datum:</td></tr>
<tr><td>Protokoll Nr.</td><td colspan="2">Bearbeiter:</td></tr>
<tr><td>Teilnehmer/Gesprächspartner/Verteiler (V):</td><td colspan="2">Besprechung vom:
Dauer von:
Dauer bis:</td></tr>
<tr><td>Ergebnisse/Beschlüsse</td><td>Termin</td><td>Verant-wortlich</td></tr>
<tr><td></td><td></td><td></td></tr>
</table>

Bild 3-28 Leerformular Besprechungsprotokoll

Beispiel Ablagesystem:

<table>
<tr><th>Code</th><th>Bezeichnung</th><th>Erstellungs-datum</th><th>Ersteller</th><th>Verteiler</th><th>Ablage-ort</th></tr>
<tr><td></td><td></td><td></td><td></td><td></td><td></td></tr>
<tr><td></td><td></td><td></td><td></td><td></td><td></td></tr>
<tr><td></td><td></td><td></td><td></td><td></td><td></td></tr>
<tr><td></td><td></td><td></td><td></td><td></td><td></td></tr>
<tr><td colspan="6"><u>Code</u> : laufende Nummer
Datum
Schriftguttyp
Arbeitspaketbezug</td></tr>
</table>

Bild 3-29 Leerformular Ablagestruktur

4 Qualitätsmanagement im Projektorientierten Unternehmen

4.1 Projektorientierte Unternehmen

Viele Unternehmen beschäftigen sich im Zuge ihrer Organisationsentwicklung, unabhängig von Branche und engerem Unternehmenszweck, mit Projektorientierung. Projektorientierung bietet eine umfassende Antwort auf die notwendige Erreichung und Umsetzung der Flexibilität von Unternehmensstrukturen. Die schnelle, zielgerichtete Erarbeitung kundenspezifischer Lösungen steht dabei im Vordergrund.

Arten Projektorientierter Unternehmen

In Abhängigkeit von Ziel, Zweck und überwiegender Projektart (vgl. Seite 25, Kapitel 2.3.3, Projektarten) gibt es unterschiedliche Formen des Projektorientierten Unternehmens:

- Auftragsabwicklungsunternehmen im Bau- und Anlagenbau
- Planungs- und Engineeringunternehmen (Software, Verfahrenstechnik, Anlagenbau, Bau, Maschinenbau, Elektro und Elektronik, etc.)
- Gesamtlösungsanbieter (Generalplaner, Generalunternehmer, etc.)
- Beratungsunternehmen, Konsulenten, Ziviltechniker, Ingenieurbüros
- Forschungs- und Entwicklungsinstitute

4.2 Projektorientierte Unternehmen und Qualität

Projektorientierte Unternehmen geben dem Thema Qualität bzw. Qualitätsmanagement immer mehr Gewicht. Ursachen für diese Entwicklung liegen einerseits in den Anforderungen, die das Umfeld (Kunden, Gesellschaft, Mitbewerber, etc.) an die entsprechenden Unternehmen richtet, und andererseits in unternehmensinternen Forderungen an die Gestaltung des Unternehmens.

4.2.1 Qualitätsorientierung als Reaktion auf Umfeldforderungen

Um das längerfristige Überleben des Unternehmens zu sichern, müssen die folgenden durch das Unternehmensumfeld bestimmten, kritischen Erfolgsfaktoren beachtet werden:

- Gravierende politische Veränderungen, Globalisierung von Märkten und Wettbewerb, Verschärfung des Wettbewerbes
- Umfassende gesetzliche Auflagen und Rahmenbedingungen, Normen und Richtlinien für Arbeitsprozesse und Projektergebnisse
- Steigende Kundenerwartungen vor allem in Hinblick auf Verkürzung der Projektdauern (kürzere Innovationszeit, kürzere Lieferfristen, etc.), Steigerung der Flexibilität in der Projektabwicklung, Erwartungen an Zuverlässigkeit, Verfügbarkeit, Wartbarkeit, und ähnliches
- Exponentielle Zunahme verfügbarer Information – diese Information muß zur richtigen Zeit, in geeigneter Konfiguration (Inhalt, Struktur, Dichte) und am richtigen Ort zu Verfügung stehen. Daraus ergeben sich Anforderungen an Managementinformationssysteme, die Rechnungswesen, Controlling, und Qualitätsmanagement mit einbeziehen
- Abgehen von linearen Prognosen: die Geschwindigkeit im Umgang mit dem Wandel und das Denken in Alternativen werden zu Strukturgrößen

Die mit diesen Faktoren verbundene Komplexität schlägt sich in immer stärker vernetzten Kunden-Lieferanten-Beziehungen nieder, die die Gesamtoptimierung eines Projektes (Produktentstehungsprozesses) unter gerechter Verteilung der Erträge zum Ziel haben. Diese Aufgabe kann nur durch ein entsprechend hochentwickeltes Qualitäts- und Informationsmanagement bewältigt werden.

Ein interessantes Ergebnis zeigt die PIMS-Studie:

Ergebnisse aus Untersuchungen der PIMS-Datenbank (Profit Impact of Marketing Strategy) zeigen, daß Qualität einer der wichtigsten, isolierbaren Einzelfaktoren für den langfristigen Unternehmenserfolg ist.

In dieser Studie wurde die Beurteilung der Qualität aus Kundensicht vorgenommen. Für die Qualitätsmessung werden einzelne kaufentscheidende Produkt- und Dienstleistungsmerkmale erhoben.

Der von einem kleinen bis mittleren Marktanteil ausgehende negative Einfluß auf den ROI kann durch eine hohe relative Qualität nahezu ausgeglichen werden.

Mehrere Studien belegen weiters, daß für Unternehmen mit hohem Dienstleistungsanteil der Schlüssel zum Wettbewerbserfolg im gezielten Management der Qualität liegt.

4.2.2 Qualitätsorientierung als Antwort auf unternehmensinterne Forderungen

Vielfältige Forderungen aus der Innensicht des Unternehmens bilden Ursachen für die zunehmende Bedeutung der Qualität im Unternehmen:

- Umfassendes Verständnis von Arbeit – Arbeit muß dem Anspruch gerecht werden, Sinn und Inhalt zu bieten, Sicherheit am Arbeitsplatz zu gewährleisten und Entwicklungschancen bereitzuhalten.
- Moderne Gestaltung der Arbeit zur Sicherung der Mitarbeiterzufriedenheit bewirkt eine umfangreiche Auseinandersetzung mit dem Thema Gestaltung und Sicherung von Prozeßqualität in Arbeitsabläufen.
- Hohe, noch weiter steigende Bedeutung der umfassenden interdisziplinären Kompetenz von Projektleitern und Projektmitarbeitern ist gefordert.
- Umfassende Betrachtung von Kosten und Nutzen (Wirtschaftlichkeit der Leistungserstellungsprozesse) bietet einen weiteren Motivationshintergrund für die Qualitätsorientierung. Aus der Analyse der Qualitätskosten läßt sich die Notwendigkeit zur gezielten Bearbeitung des Themas Qualität aus wirtschaftlichen Gründen ableiten.
- Eine kontinuierliche Verbesserung der Projektarbeit als Anforderung an die Organisation zur Steigerung der Rentabilität der Leistungserstellungsprozesse ist notwendig.

4.2.3 Qualität und Wirtschaftlichkeit in Projektorientierten Unternehmen

Der Begriff Qualitätskosten wird als Begründung für qualitätsrelevante Tätigkeiten (langfristige Senkung der Qualitätskosten) verwendet, zugleich aber auch als Argument gegen entsprechende Aktivitäten und damit gegen die Qualitätsorientierung eingesetzt. Hier werden Argumente wie „Qualität kostet viel Geld und bringt letztlich nichts" immer wieder verwendet. Die folgende Tabelle enthält Argumente für eine Qualitätsorientierung aus der Betrachtung der Qualitätskosten heraus.

Tabelle 4.1 Zweidimensionalität der Qualitätskosten

Produkteigenschaften zur Erfüllung von Kundenbedürfnissen liefert:	Mängelfreiheit liefert:
• Steigerung der Kundenzufriedenheit • Gewährleistung der Verkäuflichkeit von Produkten • Festigung der Wettbewerbsposition • Erhöhung des Marktanteils • Erzielung von höheren Umsätzen • Sicherung von Höchstpreisen • Auswirkung auf den Verkauf	• Reduzierung der Fehlerquoten • Reduzierung von Nacharbeit und Ausschußware • Reduzierung von Ausfällen im Produktgebrauch sowie Verringerung von Garantieansprüchen • Reduzierung von Kundenunzufriedenheit • Reduzierung von Inspektionen und Tests – Verkürzung der Zeit bis zur Einführung neuer Produkte am Markt • Steigerung von Nutzen und Kapazität, Verbesserung der Lieferleistung • Auswirkung auf den Kostenaufwand
Allgemein: Höhere Qualität kostet **MEHR**	Allgemein: Höhere Qualität kostet **WENIGER**

Die Ursachen steigender Qualitätsanforderungen sind als Überblick in folgender Grafik zusammengefaßt:

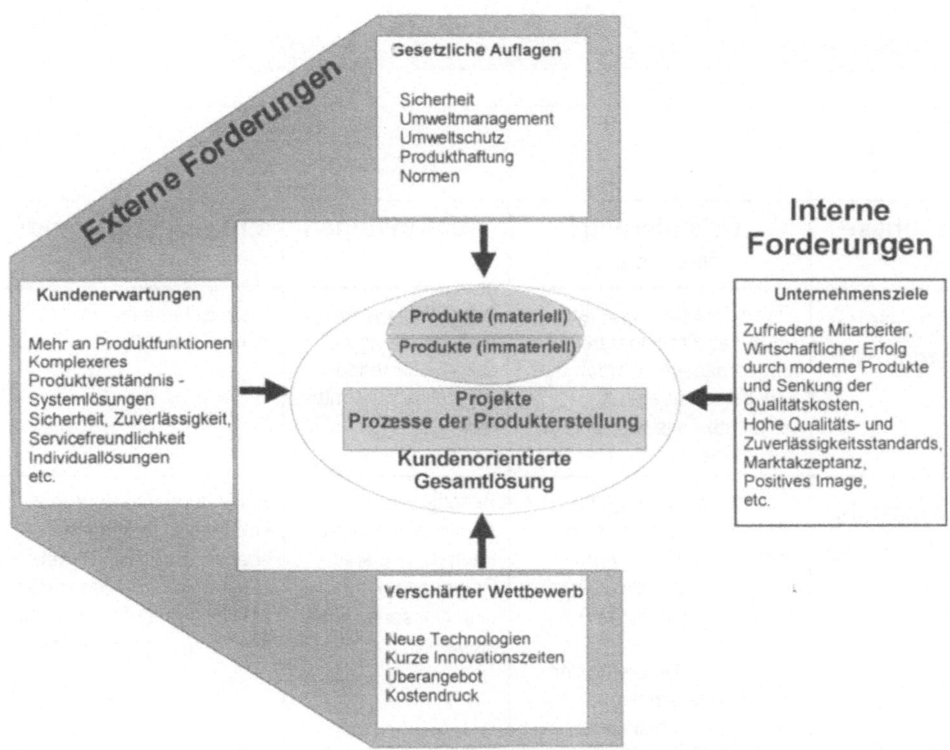

Bild 4-1 Steigende Qualitätsforderungen

4.2.4 Status qualitätsorientierter Unternehmen

Qualitätsorientierung muß auf mehreren Ebenen betrachtet werden. Entsprechend dem Stand globaler Entwicklungszyklen von Märkten und Volkswirtschaften befinden sich auch Branchen und lokale Märkte in unterschiedlichen Phasen der Qualitätsorientierung. Das gleiche gilt für Unternehmen unterschiedlicher Ausrichtung und variierender Tiefe in Bezug auf ihre Qualitätsorientierung.

Qualitätsorientierung ist damit nicht als ein abgeschlossenes Bild aus den Momentaufnahmen einer untersuchten Organisation (Unternehmen, Bereich, etc.) zu sehen, sondern ist immer in Zusammenhang mit dem Zeitpunkt der Betrachtung und der Situation des Umfeldes zu bringen.

Phasen der Qualitätsorientierung:

Phase	Orientierung, Merkmale	Auswirkungen	Entwicklungstrends
Qualitäts-kontrolle	Ergebnisorientierung, am Ende des Produkterstellungsprozesses werden die Ergebnisse überprüft, schlechte Teile werden ausgeschieden	Arbeitsteilung, keine Verantwortung bei den Ausführenden, spezialisierte Kontrolleure	Erste Schritte hin zur Fehlervermeidung
Qualitäts-sicherung	Konkrete Steuerung der Qualität, Ansätze der Prävention und Fehlervermeidung; die Kontrolle ist immer noch der wesentliche Bestandteil Statistik zur Unterstützung der Kontrolltechniken, 7 Qualitätstechniken	Beseitigung von Auswirkungen von Fehlern, geplante Prävention, kaum geschlossene Regelkreise	Einbindung von Führungskräften und Managementebenen, Start von Regelkreisen und definierter Verantwortung, QS nicht mehr auf Fertigung beschränkt
QM-System (ISO 9001)	Vergleichbares Qualitätsmanagement; Einführung von Selbstkontrolle; das Schließen von Regelkreisen zur systematischen Fehlervermeidung steht im Vordergrund; Verbesserungsmaßnahmen gewinnen an Gewicht	Umfangreiche Dokumentation der IST-Situation und der qualitätsrelevanten Tätigkeiten im Rahmen des QM-Systems; Zertifizierung durch Dritte	Volle Einbindung und Verantwortung des Managements; Schaffung von klaren Regelkreisen; Verbesserung und Ursachenfindung wichtiger als die Bearbeitung der Auswirkungen
TQM	Qualität wird umfassend (Potential, Produkt, Know-how, Prozeß/Kontakt) verstanden; Alle leben und verbessern Qualität in Eigenverantwortung, die sich auch im Self-Assessment ausdrückt	Ständige Verbesserung als Ziel; klare Regelkreise für die ständige Verbesserung bestehender Prozesse anhand klar definierter Kennzahlen	Qualitätspreise als Ziel; Rahmen der Qualitätspreise bieten viele Anhaltspunkte für TQM; World Class Quality, Customer Satisfaction und Verantwortung für die Gesellschaft

Bild 4-2 Phasen der Qualitätsorientierung

Neben Status der Qualitätsorientierung kann man unterschiedliche Arten qualitätsorientierter Unternehmen identifizieren.

Die folgende knappe Übersicht bietet die Grundlage für die Einordnung der Projektorientierten Unternehmen in Gegenüberstellung zu anderen Unternehmensarten.

Tabelle 4.2 Projektorientiertes Unternehmen in Abgrenzung zu anderen Unternehmensarten

Unternehmen	Merkmale, Ausprägungen
Industrielle Produktionsunternehmen	Die „klassischen Vorreiter" der Qualitätsbewegung kommen aus dem Bereich der Produktion von Massengütern der produzierenden Gebrauchs- und Konsumgüterindustrie. Die wichtigsten Bereiche sind hier die Auto-, Autozuliefer-, Elektro- und Elektronikindustrie.
Gewerbebetriebe, KMU	Diese für die mittelständische Industrie besonders wichtigen Unternehmen haben die älteste Tradition in der Fertigung qualitativ hochwertiger Produkte, stellen aber neben den Dienstleistungsunternehmen auch die größte Anzahl von Unternehmen, die das Thema Qualität nicht gezielt und systematisch, sondern eher intuitiv und zufällig erarbeiten. Diese Unternehmen haben vor allem in der Prozeßqualität ihrer Arbeit große, noch nicht ausgeschöpfte Potentiale.
Projektorientierte Unternehmen	Projektorientierte Unternehmen mit hohem Dienstleistungsanteil haben aus dem Potential ihrer Mitarbeiterstruktur heraus die besten personellen Voraussetzungen zur Entwicklung von Qualitätsorientierung, liegen jedoch im gezielten Management ihrer Ergebnis- und Prozeßqualität noch weit hinter den industriellen Produktionsunternehmen. Gut in die Praxis integrierte QM-Systeme sind vergleichsweise wenig umgesetzt. Das liegt auch daran, daß die Norm ISO 9001 für derartige Unternehmen nicht konzipiert ist und ein entsprechender Leitfaden (ISO/DIS 10006) erst in der Schlußphase der Vorbereitung ist. Die Komplexität der erbrachten Leistungen sowie die schnelle Veränderung projektorientierter Organisationen erschweren zusätzlich die Schaffung umsetzbarer, akzeptierter QM-Systeme.

4.3 Organisation in Projektorientierten Unternehmen

4.3.1 Traditionelle Organisationsmodelle für Projektorientierte Unternehmen

Die nachfolgend beschriebenen Organisationsmodelle sind nur als Orientierung zu verstehen, da sie in der Praxis immer der spezifischen Situation entsprechend abgeändert und angepaßt werden.

Einfluß-Projektorganisation (Stab-Linien-System)

Einflußprojektmanagement bedeutet für den Projektleiter: Projektmanagement durch Koordination. Der Projektleiter hat keine Weisungsbefugnis, sondern ausschließlich Informations-, Beratungs-, und Planungsbefugnis. Er übt eine Stabsfunktion aus. Die Entscheidungsbefugnis und damit auch die Gesamtverantwortung liegt beim Vorgesetzten des Projektleiters.

Diese Organisationsform eignet sich nur für Projekte mit geringer Komplexität und niedrigem Risiko bzw. für interne Projekte, an denen alle Organisationsteilnehmer des Unternehmens ausreichend interessiert sind, da diese zugleich Betroffene und Nutzer der Projektergebnisse sind.

Ein großer Nachteil der Einfluß-Projektorganisation liegt im Konfliktpotential, das aus Trennung von Entscheidungsvorbereitung (Projektleiter) und Entscheidungsdurchsetzung (Linienvorgesetzter) resultiert.

Reine Projektorganisation (autonome Projekte)

Diese Organisationsform wird für besonders umfangreiche Projekte gewählt. Dabei wird für die Dauer der Projektdurchführung die Projektorganisation aus der normalen Stamm-Aufbauorganisation herausgelöst und als eigene, allerdings zeitlich begrenzte Organisationseinheit etabliert, evtl. sogar losgelöst von der Mutterorganisation.

<u>Vorteile der reinen Projektorganisation</u>:

- zielgerechter Personaleinsatz, straffe Projektleitung
- volle Konzentration auf das Projekt
- rasche Entscheidungsfindung aufgrund kurzer Kommunikationswege
- starke Identifikation der Organisationsteilnehmer mit den Projektzielen
- eigene, von der Mutterorganisation losgelöste Organisationskultur im Projektteam

<u>Nachteile der reinen Projektorganisation</u>:

- Probleme bei der Mitarbeiterabstellung aus den Abteilungen und deren Rückgliederung in die Stammorganisation (ein spezielles Führungsproblem)
- Probleme bei der kontinuierlichen Auslastung der Projektteammitglieder
- Probleme bei der Weiterführung der Abteilungsaufgaben (Know-how Entwicklung, etc.)
- faktisches Abgeschnittensein von den Fachabteilungen des Unternehmens, von Weiterentwicklungen, von fachlichen Diskussionsmöglichkeiten, etc.
- Probleme in der Karrieregestaltung

Matrix-Projektorganisation

In der Matrix-Organisation werden zwei Kompetenz- und Verantwortungssysteme miteinander kombiniert. Die vertikal laufenden, funktionalen Verantwortungen (Spalten der Matrix) werden horizontal durch die Projektverantwortung (Zeilen der Matrix) überlagert. Die Kreuzungsfelder stellen die Nahtstellen zwischen funktionaler und projektbezogener Kompetenz und Verantwortung dar. In der Praxis kommt es hier häufig zu Problemen durch Kompetenzüberschneidungen.

Vorteile der Matrix-Projektorganisation:

- Flexibler Personaleinsatz (keine Abstellungs- bzw. Rückgliederungsprobleme, optimale Kapazitätsauslastungen)
- Gesamtprojektverantwortung beim Projektleiter
- Koordination der Spezialisten aus den funktionalen Abteilungen durch den Projektleiter
- Spezialisten können im Gegensatz zum reinen Projektmanagement in ihren Abteilungen innerhalb der Gruppe mit Gleichgesinnten arbeiten (Möglichkeit zum Meinungsaustausch)
- Vermindern des Abteilungsdenkens durch Intervention des Projektmanagers
- Doppelunterstellung der Projektmitarbeiter (beabsichtigter Konflikt)

Nachteile der Matrix-Projektorganisation:

- Hohe Anforderung an das Organisationsverständnis der Beteiligten (z.B. Doppelunterstellung, Steuerung der sachlichen und emotionalen Konflikte)
- Großer Kommunikationsbedarf
- Kompetenzüberschneidungen – Konfliktpotential

4.3.2 Organisationskonzept „Das Projektorientierte Unternehmen“

Die generelle Projektorientierung im unternehmerischen Gestaltungsprozeß erlangt immer größere Bedeutung.

Ansprüche, Zielsetzungen und Merkmale des Projektorientierten Unternehmens:

- Zielorientierung in allen Strukturen und bei allen Vorhaben
  - Leistung, Ergebnisqualität
  - Zeit/Termine, Prozeßqualität
  - Kosten
- Flexibilität in der Reaktion auf Markt- und Kundenbedürfnisse
- Teamorientierung statt Abteilungsorientierung

- Keine starren, arbeitsteiligen Organisationsformen, sondern Organisation der wesentlichen Aufgaben in Projekten und Projektportfolios;
  permanenter Wandel in der Organisation durch Projekte
- Netzwerk-Orientierung: neue Formen der Zusammenarbeit und Kommunikation, über die Struktur der Matrix-Organisation hinausgehend; Verflachung der Organisationsstruktur, verstärkter Einbezug von Kunden, Lieferanten und Katalysatoren (Berater, Konsulenten, Gutachter)
- Beschränkte Lebensdauer der jeweils notwendigen, aufgabenspezifischen Organisationen
- Aufbau der Unternehmensorganisation auf der Projektorganisation, Basis sind dabei die interdisziplinären Teams – Reduktion von Schnittstellen

Die Unterscheidungskriterien zu klassischen Unternehmen der Massenfertigung und traditionell organisierten Projektorientierten Unternehmen liegen vor allem in der **projektorientiert ausgerichteten Aufbauorganisation** des Unternehmens.

4.3.2.1 Aufbaustruktur (Handlungsträgersystem)

Die Aufbaustruktur des Projektorientierten Unternehmens beinhaltet stabilisierende Elemente für die Sicherung der Kontinuität und Lebensfähigkeit des Unternehmens und veränderliche, zeitlich begrenzt vorhandene Elemente zur Sicherung und Umsetzung der notwendigen Flexibilität.

Stabilisierende Organisationseinheiten

<u>Projektportfolios, Ressourcenpools</u>

Projektportfolios werden nach fachlich-inhaltlichen Kriterien (Projektarten, Produktgruppen, Geschäftsfelder, etc.) zusammengefaßt, um die erworbenen fachspezifischen Kenntnisse und Erfahrungen zu sichern und die Übergangsphasen zwischen Projekten zur Weiterbildung der Mitarbeiter zu nützen (Sicherung von Informationsknotenpunkten, Synergien, organisatorisches Lernen, Prioritäten setzen, Konfliktbewältigung, etc.).

Projektportfolios sind durch Zusammenfassung von Projekten verwandten Charakters geschaffene Aufgabenfelder, können daher auch als Organisationseinheit angesehen werden, sind aber nicht unbedingt völlig ident mit Ressourcenpools.

Ressourcenpools dienen primär der Sicherung und Entwicklung fachlicher Kompetenz und sind nicht hierarchisch aufgebaut. Sie nehmen eine interne Dienstleistungsfunktion wahr, wobei die Projektteams als interne Kunden angesehen werden.

Kundenorientierte Abteilungen zur Abwicklung von Kundenaufträgen ohne Projektcharakter (Routinegeschäft)

Vielfach haben Teile des Geschäftes in Projektorientierten Unternehmen keinen Projektcharakter (z.B. Handelsgeschäft, Ersatzteile, Verschleißteilbewirtschaftung für Anlagen, etc.) anhand ähnlicher inhaltlicher Kriterien wie bei den Projektportfolios werden Abteilungen gebildet.

Führungskreis (Strategisches Zentrum)

Diese Organisationseinheit dient der langfristigen Orientierung und der Verankerung der Gesamtsicht des Unternehmens.

Die Vision, das Ziel und die Politik des Unternehmens werden hier erarbeitet und konkretisiert. Daraus werden konkrete Strategien und Maßnahmen für die anderen Organisationseinheiten erarbeitet.

Die erarbeitete Politik und die abgeleiteten Strategien und Maßnahmen werden regelmäßig überprüft sowie Regelkreise geschlossen.

Weiters werden grundsätzliche Entscheidungen speziell zu kritischen Projekten getroffen und die Rolle des internen Projektauftraggebers wahrgenommen.

Dem Führungskreis ist eine unterstützende Stelle TQM zugeordnet, um erhobene Verbesserungsvorschläge sowie Daten zur Kunden- und Mitarbeiterzufriedenheit und den Geschäftsergebnissen zu sammeln und aufzubereiten. Audits und Assessments werden durch diese Stelle vorbereitet und durchgeführt.

Der Führungskreis ist jedoch keine zentralistische Schaltstelle, von der aus alle Aktionen des Unternehmens geleitet werden.

Forschungs- und Entwicklungsabteilung

Die Forschungs- und Entwicklungsabteilung dient der Sicherung von Zukunftspotentialen. Hier werden ebenfalls flexibel eingerichtete Teams koordiniert und die Ergebnisse sowie entsprechende Synergiepotentiale sichergestellt.

Interne Dienstleister

Interne Dienstleister dienen der Sicherung der Lebensfähigkeit der Organisation und unterstützen die Bereiche mit direktem Kundenbezug.

Zu den internen Dienstleistern gehören:

Qualitätswesen, Personalentwicklung, Rechnungswesen, Rechtsabteilung, EDV-Support, Dokumentation, Verwaltungseinrichtungen, etc.

Flexible Organisationseinheiten

Projektteams zur Abwicklung von Auftragsprojekten (in Projektportfolios)

Die Unternehmenstätigkeit wird nicht mehr in abteilungsspezifische Aufgaben zerlegt, sondern in kundennahen Projekten gedacht und abgewickelt.

Damit wird den aktuellen Herausforderungen nach Flexibilität und hoher fachlicher Kompetenz (verschiedene Experten werden aus unterschiedlichen Fachbereichen in einem Projektteam zusammengefaßt) entsprochen.

Das Projektteam kann, falls notwendig, auch kundenseitige bzw. lieferantenseitige Mitglieder umfassen, um dadurch die projektspezifisch günstigste Struktur abzubilden.

Projektteams zur Abwicklung interner Projekte

Es sind dies Teams für: Reorganisationen, Umstellungen; Forschungs- und Entwicklungsarbeiten, Produktentwicklungen; Arbeitsgruppen zur Personalentwicklung.

Qualitätsmanagement-Teams

Teams zur Durchführung von Internen Audits oder Self-Assessments, Arbeitsgruppen für die Durchführung von Korrektur- und Vorbeugungsmaßnahmen, Qualitätszirkel.

Dokumentation der Aufbaustruktur

Die Dokumentation der Aufbaustruktur des Systems „Projektorientiertes Unternehmen" erfolgt im Überblick in Form eines Organigramms (kann grafisch unterschiedlich gelöst sein). Durch das Organigramm sind die Organisationseinheiten grob abgegrenzt, die Beziehungsstrukturen sind nur angerissen.

Die wesentlichen formalen, internen Beziehungsstrukturen werden in Form einer Kommunikationsmatrix (Dokumentenmatrix) und Rollenbeschreibungen dargelegt.

Die Kommunikation im Projektteam zur effizienten und schnellen Bearbeitung des Kundenwunsches ist damit direkt und ohne funktionale Trennung möglich.

Die Kommunikation zum Kunden ist dadurch sichergestellt, daß die kunden(projekt-)orientierten Teams den Kunden von Projektbeginn an bis zum fertig abgeschlossenen Projekt betreuen. Die Verantwortung an der Schnittstelle zum Kunden ist damit eindeutig geklärt.

Organisationshandbuch

Aufbaustruktur (Organigramm), organisatorische Festlegungen (Arbeitszeit, Betriebsvereinbarungen, etc.), Regelungen zur Mitarbeiterausbildung, unterschiedliche Benefits und ähnliche informative und verbindliche Inhalte für Mitarbeiter sind üblicherweise in einem Organisationshandbuch dokumentiert.

Hier bestehen auch teilweise Überschneidungen mit den Inhalten des QM-Handbuchs. Diese Fehlerquelle (unterschiedliche Regelungen zum gleichen Thema in unterschiedlichen Organisationshilfsmitteln) muß bei Änderungen kritisch überprüft werden.

4.3.2.2 Ablaufstruktur (Handlungssystem)

Die Ablaufstruktur für Projektorientierte Unternehmen betrifft die Abläufe in den unterschiedlichen Organisationseinheiten der Aufbaustruktur. Die Projekte bilden die Basis der Aufbaustruktur und gleichzeitig den Hauptteil der Kernprozesse des Unternehmens. Die Geschäftsprozesse (Projekte) müssen dadurch nicht über mehrere Bereichsgrenzen hinweg mit wechselnder Verantwortung gestaltet werden.

Organisationseinheiten (zusammengefaßt in der Aufbaustruktur) und Geschäftsprozesse (zusammengefaßt in der Ablaufstruktur) bilden in weiterer Folge auch ohne Widerspruch die Basis für die Gestaltung des prozeßorientierten QM-Systems.

Je nach Projektart und Unternehmensstruktur können die Unternehmensprozesse von nachfolgender Auflistung abweichen und mehrere Sub-Prozesse beinhalten (vgl. Seite 166, Kapitel 4.4.4, Beispiele zu prozeßorientierten QM-Systemen).

Kernprozesse, Kundenbeziehungsprozesse

- Akquisitionsprozesse
- Projektabwicklungsprozesse (in einer oder mehreren Prozeßgruppen in Analogie zu definierten Projektportfolios zusammengefaßt)
- Geschäftsprozesse ohne Projektcharakter

Supportprozesse

- Einkauf
- Logistik
- Forschungs- und Entwicklungsaufgaben
- Korrektur- und Vorbeugungsmaßnahmen
- Interne Audits, Self-Assessments
- EDV, Informationsinfrastruktur

Führungsprozesse, Potentialsicherungsprozesse

- Politik und Strategiebildung
- Unternehmensplanung und Zielvereinbarung
- Management-Review und Steuerungsmaßnahmen
- Organisationsentwicklung
- Personalentwicklung
- Controlling und Rechnungswesen

Die vorgeschlagene Ablaufstruktur der Kernprozesse im Projektorientierten Unternehmen orientiert sich dabei an den typischen Projektphasen (vgl. Seite 32, Kapitel 2.5.2, Projekt – Phasen).

Durch die vorgeschlagene Aufbauorganisation wird sichergestellt, daß alle wesentlichen Phasen eines Projektes innerhalb einer Organisationseinheit (Projektportfolio, Projektteam) abgewickelt werden, bzw. an Phasenübergängen klare Übergabepunkte definiert sind. Dadurch werden Schnittstellen reduziert, bestehende Schnittstellen geklärt und Kommunikationsbrüche vermieden.

Im Ablauf der Projektarbeit sind die qualitätsrelevanten Tätigkeiten eingebunden (vgl. Seite 35, Kapitel 3, Qualitätsmanagement in den einzelnen Phasen des Projektablaufes).

Die festgelegte Ablaufstruktur sichert ein hohes Aktivitätsniveau in den frühen Phasen des Projektes (Start, Definition, Planung). In diesen Phasen gibt es hohe Beeinflußbarkeit der Ergebnisqualität und der Kosten bei vergleichsweise niedrigem Aufwand.

Vorteile der vorgeschlagenen Ablaufstruktur

Das Projekt wird obiger Organisationsstruktur folgend entlang seines Erstellungsprozesses nicht mehr von Abteilung zu Abteilung gereicht.

Vielmehr wird die ausführende Organisation (das Projektteam innerhalb des entsprechenden Projektportfolios) an das Projekt angepaßt und damit der Forderung nach Prozeßverantwortung (= Projektverantwortung) optimal entsprochen.

Das Projekt bildet im Informationssystem des Unternehmens die Basis für Planung, Kalkulation und Erhebung der Ist-Daten.

Die Schnittstellen zur Geschäftsleitung, zu Support-Bereichen und weiteren Ressourcenpools des Unternehmens werden definiert und die Beziehung zur Projektorganisation geklärt. Dadurch werden die Rollen von Projektleiter, internem Projektauftraggeber und Projektteammitgliedern klargelegt.

Das Projekt wird im Ablauf in mehrere Phasen geteilt (vgl. Seite 35, Kapitel 3, Qualitätsmanagement in den einzelnen Phasen des Projektablaufes).

Die Übergangspunkte von Phase zu Phase sind als Meilensteine definiert, an denen wesentliche qualitätsrelevante Tätigkeiten und Dokumentationen definiert werden. Dadurch wird die geforderte Produkt- und Prozeßqualität im Unternehmen sichergestellt und dokumentiert.

Diese qualitätsrelevanten Aktivitäten im Ablauf eines Projektes werden

- in den **Verfahrensanweisungen** zur Projektarbeit und im **Projektmanagementleitfaden**, der auch die Akquisitonsphase betreffen sollte, vorgegeben,
- im **Qualitätsplan** projektspezifisch zusammengefaßt, und

- anhand der im Rahmen des QM-Systems als Mindestmaß definierten **Nachweisdokumente** dargestellt. Nachvollziehbarkeit und Rückverfolgbarkeit werden damit gewährleistet und die Lernchance, die jedes Projekt bietet, genutzt.

Weiters dient das Phasenkonzept in der Ablaufstruktur des Projektes der Schaffung einer ganzheitlichen Sichtweise während der Bearbeitung einzelner Projektphasen. Das führt zu einer frühzeitigen Bedachtnahme möglicher Folgeprojekte und Berücksichtigung entsprechender Notwendigkeiten.

4.3.3 Qualität der Organisation

Die Ausprägungen einer „guten Projektmanagementkultur" entsprechen in weiten Teilen der Kultur eines qualitätsorientierten Unternehmens bzw. nehmen große Teile der dafür notwendigen Entwicklung vorweg.

Ausprägungen, die Qualität des Potentials einer projektorientierten Organisation ausmachen, sind:

- Projektarbeit in Teamform, zeitlich begrenzt, interdisziplinär ohne Abteilungsgrenzen (kurze Informationswege, flexibel, problemadäquat, schlank, etc.). Die Projektteams fungieren als Träger der Unternehmenskultur: hier wird die Unternehmenskultur – auch im TQM als zentrale Basis genannt – gelebt.
- Der Projektleiter ist Coach seiner Mitarbeiter.
- Definition und Beschreibung von Projektrollen als wesentlicher Bestandteil eines „Organisationshandbuches".

Ein möglicher Nachfrager bzw. Kunde nimmt Potentiale des Anbieters wie etwa Image, Größe, Referenzen, Qualifikation des Personals, Repräsentanz, etc. als Qualitätsmerkmale wahr. Diese Merkmale haben noch nichts mit dem möglicherweise später zustandekommenden Projekt zu tun, beeinflussen aber massiv die Entscheidung eines potentiellen Kunden.

Neben der Entscheidungsbeeinflussung entwickelt sich auch eine bestimmte Erwartungshaltung beim potentielle Kunden.

Die Planung und Gestaltung der Potentialdimension der Organisationsqualität ist wesentlicher Teil des Projektportfolio-Management und des gesamten Unternehmens.

4.4 Das Qualitätsmanagementsystem im Projektorientierten Unternehmen

Das QM-System in Projektorientierten Unternehmen umfaßt als Basis die Erarbeitung und Darstellung aller wesentlichen Prozesse im Unternehmen.

Das QM-System kann zur Erreichung der Zertifizierung durch einen akkreditierten Zertifizierer normkonform (z.B. ISO 9001) erstellt werden.

Speziell für Projektorientierte Unternehmen ist dabei die Abbildung bzw. Zuordnung der Qualitäts- und Projektmanagementwerkzeuge und -prozesse in den Elementen der Norm die schwierige Arbeit bei der Erstellung eines zertifizierbaren QM-Systems.

Ein **prozeßorientiertes QM-System** bietet hier den besten Rahmen zur Erfüllung der Normenforderungen einerseits und zur Abbildung der beschriebenen Schritte innerhalb der Phasen des Projektablaufes andererseits.

4.4.1 Normen und Richtlinien

Die wesentlichen Normen zum Qualitätsmanagement sind in der Normenreihe ISO 9000ff zusammengefaßt.

Aufbau und Grundlagen der ISO 9000 Normenfamilie

Das Normenwerk ISO 9000 bis ISO 9004 sowie die zugehörigen Normen zum Thema Qualität bilden eine umfassende Richtlinie, in der die Elemente eines Qualitätsmanagementsystems nach aktuellem Stand beschrieben sind.

Die Normen für Qualitätsmanagement sind auf internationaler Ebene abgestimmt, und werden im Rahmen des Technischen Komitees der ISO (TC 176) laufend weiterentwickelt. Die Weiterentwicklung geht in Richtung TQM-Assessments.

Die Zielsetzung der nächsten Revision (1999/2000) ist die Schaffung eines prozeßorientierten, generellen Normenmodells zur Gestaltung von QM-Systemen.

Weiters erfolgt laufend eine Abstimmung mit dem TC 207, das die Normenreihe ISO 14 000ff – Umweltmanagement zur Festlegung bringt und weiterentwickelt.

Anliegen der ISO 9000 Normenfamilie:

Der Einführung und Arbeit mit bzw. nach den Normen ISO 9000 ff liegen folgende Anliegen zugrunde:

- Schaffung bzw. Klärung von Aufbau- und Ablauforganisation
- Qualifikation von Mitarbeitern und Erarbeitung geeigneter Hilfsmittel und Methoden
- Regelung von Zuständigkeiten, Verantwortungen und Befugnissen

- Dokumentationspflicht für Regelungen sowie für Ergebnisse
- Klare Strukturierung von Informations- und Kommunikationswegen
- Berücksichtigung von Risiken und Wirtschaftlichkeit
- Vorbeugende Maßnahmen zur Vermeidung von Qualitätsproblemen
- Kontinuierliche Verbesserung

Die ISO 9000-Normen verlangen in ihrer aktuellen Letztausgabe (1994/9) eine klare und abgestufte Struktur des Qualitätswesens im Sinne einer Dezentralisierung der Qualitätsaktivitäten, d.h. es besteht keine Trennung mehr von qualitätsführenden und qualitätsprüfenden Aktivitäten.

Weiters verlangen die ISO 9000-Normen eine transparente Zuordnung von Aufgaben, Verantwortung und Kompetenz.

Immer größeres Gewicht kommt den frühen Phasen der Leistungsabgrenzung und -erstellung (in Projektorientierten Unternehmen entspricht dies der Projektdefinition, Projektplanung, etc.) zu, da der Schwerpunkt auf Fehlerverhütung und nicht auf Fehlerfeststellung liegt.

Ziele der ISO 9000 Normenfamilie:

Verpflichtung der Unternehmensleitung zur Qualität durch das Festlegen entsprechender Aussagen im Leitbild des Unternehmens (Qualitätspolitik) sowie der Festlegung präziser Verantwortungen und Aufgaben des obersten Managements.

Beherrschung der Qualität in allen Phasen – das bedeutet die festgelegten und vorausgesetzten Kundenanforderungen sind technisch und wirtschaftlich optimal zu erfüllen.

Schaffung von Vertrauen
intern bei den Mitarbeitern und
extern beim Kunden.

4.4.1.1 Überblick zur Struktur der Qualitätsnormen

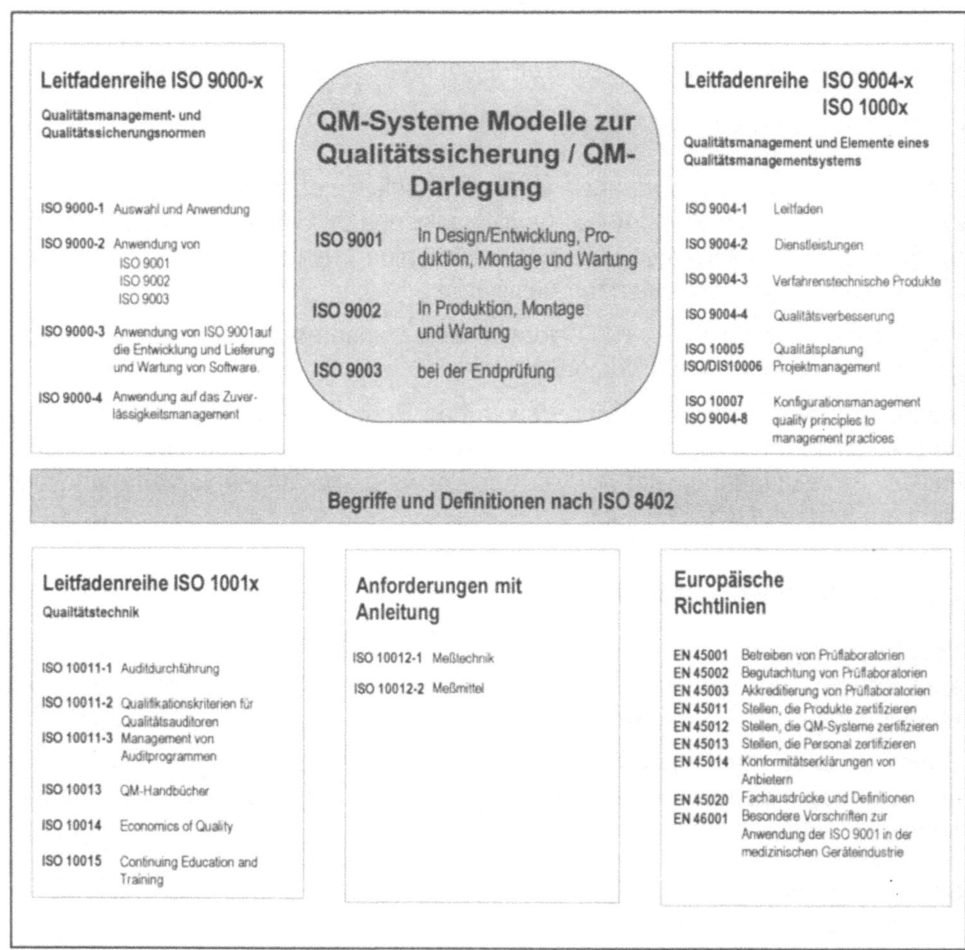

Bild 4-3 Überblick zur Struktur der Qualitätsnormen

Aus diesem Überblick ist ersichtlich, daß in den Qualitätsnormen grundsätzlich mehrere Bereiche unterschieden werden.

- **Modelle** (Nachweisnormen) – beinhalten die Anforderungen an ein QM-System in unterschiedlichen Nachweisstufen
- **Leitfäden** – Interpretationshilfen und Erläuterungen in sehr spezifischer Ausführung
- **Richtlinien** – sind keine ISO-Normen, beinhalten aber wichtige Inhalte

4.4.1.2 Modellnormen – EN ISO 9001:1994

Titel: Qualitätsmanagementsysteme – Modell zur Qualitätssicherung/QM-Darlegung in Design, Entwicklung, Produktion, Montage und Wartung

Bei der Gestaltung des QM-Systems nach ISO 9001 werden im Unternehmen die Bereiche Akquisition (Vertragsprüfung), Entwicklung und Konstruktion (Design), Produktion (Projektabwicklung) und Montage sowie Kundendienst bezüglich ihrer Qualitätsfähigkeit betrachtet. Zur Anwendung kommt diese Norm vor allem dann, wenn im Kunden-Lieferanten-Verhältnis der Nachweis der Erfüllung von Forderungen in allen Phasen, vom Entwurf bis zum Kundendienst sowie in phasenübergreifenden Bereichen für die Lieferung von Bedeutung ist.

Tabelle 4.3 Forderungen der Modellnormen ISO 9001, 9002 und 9003

Normenelement ISO 9001	9001	9002	9003
1. Verantwortung der obersten Leitung	●	●	❍
2. Qualitätsmanagementsystem	●	●	❍
3. Vertragsprüfung	●	●	●
4. Designlenkung	●	–	–
5. Lenkung der Dokumente und Daten	●	●	●
6. Beschaffung	●	●	–
7. Lenkung der vom Kunden beigestellten Produkte	●	●	●
8. Kennzeichnung und Rückverfolgbarkeit von Produkten	●	●	❍
9. Prozeßlenkung	●	●	–
10. Prüfungen	●	●	❍
11. Prüfmittelüberwachung	●	●	●
12. Prüfstatus	●	●	●
13. Lenkung fehlerhafter Produkte	●	●	❍
14. Korrektur- und Vorbeugemaßnahmen	●	●	❍
15. Handhabung, Lagerung, Verpackung, Konservierung und Versand	●	●	●
16. Lenkung von Qualitätsaufzeichnungen	●	●	❍
17. Interne Qualitätsaudits	●	●	❍
18. Schulung	●	●	❍
19. Wartung	●	●	–
20. Statistische Methoden	●	●	❍

● umfassende Forderung
❍ weniger umfassende Forderung (im Vergleich zu ISO 9001)
– keine Forderung

Die Norm ISO 9001 stellt den umfassendsten Anspruch an das QM-System. Die Modellnormen ISO 9002 und ISO 9003 sind, wie vorstehende Tabelle zeigt, gleich aufgebaut wie ISO 9001 jedoch um einige Inhalte reduziert.

4.4.1.3 Leitfäden innerhalb der Normen zum Qualitätsmanagement

Die Leitfäden stellen **Interpretationshilfen** bzw. **Erläuterungen** zur Einführung des QM-Systems dar.

Die Leitfäden bieten wesentlich mehr Inhalt zur konkreten Umsetzung in der betrieblichen Praxis, als die Modellnormen.

In der nachfolgenden Beschreibung wird, dem Thema des vorliegenden Buches entsprechend, insbesondere auf jene Leitfäden genauer eingegangen, die Einfluß auf die Gestaltung des normentsprechenden Qualitätsmanagementsystems in **Projektorientierten Unternehmen** mit hohem Dienstleistungsanteil haben.

EN ISO 9000 Teil 1:1994

Titel: Normen zum Qualitätsmanagement und zur Qualitätssicherung/
QM-Darlegung
Teil 1: Leitfaden zur Auswahl und Anwendung

Dieser vergleichsweise umfangreiche Leitfaden geht nach einer grundlegenden Begriffsdefinition direkt auf qualitätsbezogene Konzepte ein, die dem gesamten Normenaufbau als Basis dienen. In der Revision vom September 1994 wurden hier speziell für Unternehmen mit Dienstleistungscharakter wesentliche Überlegungen aufgenommen.

Die Grundphilosophie von TQM wird in hohem Maße einbezogen.

Schwerpunkte des Leitfadens EN ISO 9000-1

- Orientierung hin zur **ständigen Verbesserung**
- Orientierung an den **Interessenspartnern und deren Erwartungen** (Kunden, Mitarbeiter, Eigentümer, Sublieferanten, Gesellschaft)
- Strukturierung als **System(-Prozeß)-Norm**
  Prozesse werden als konzeptionelle Grundlage für das QM-System empfohlen. Die Organisation muß ihr Netzwerk von Prozessen und Schnittstellen feststellen, organisieren und handhaben. Weiters sollte jeder Prozeß einen „Prozeßeigner" als verantwortliche Person haben
- Orientierung zur **Produktunabhängigkeit – universelle Einsetzbarkeit** für die übergeordneten Produktkategorien;
  Hardware, Software, Verfahrenstechnische Produkte, Dienstleistungen

- **Dokumentation und Nachvollziehbarkeit** als wichtige weitere Voraussetzungen in der Auswahl und Gestaltung des QM-Systems.
    - Dokumentation zur Beschreibung
    - Dokumentation zum Nachweis daß
        - ein Prozeß festgelegt ist
        - die Verfahren genehmigt sind und
        - die Verfahren dem Änderungsdienst unterworfen sind
    - Dokumentation zur Sicherung der Lernchance (Verbesserungen)
    - Dokumentation zur Unterstützung der Schulung
- **Auswahl und Anwendung der Qualitätsnormen** –
  Der Leitfaden beschreibt in weiterer Folge die Vorgehensweise zur Auswahl der Normen ISO 9001-9003 bzw. 9004-1, beinhaltet Hinweise zur 10000er Folge und Querverweise zu anderen Leitfäden.

EN ISO 9000 Teil 3:1992

Titel: Normen zum Qualitätsmanagement und zur Qualitätssicherung/ QM-Darlegung
Teil 3: Leitfaden für die Anwendung von EN ISO 9001 auf die Entwicklung, Lieferung und Wartung von Software

Der Vorgang von Planung, Design und Entwicklung von Software wird in diesem Leitfaden als Projekt dargestellt, sodaß wesentliche Inhalte der Norm projektorientiert verstanden werden können.

Dementsprechend ist der Leitfaden EN ISO 9000-3 auch – abweichend von der Modellnorm EN ISO 9001 – prozeßorientiert aufgebaut.

Die Gliederung umfaßt drei Hauptbereiche:

- QM-System – Rahmen
- QM-System – Lebenszyklustätigkeiten
- QM-System – Unterstützende Tätigkeiten (phasenunabhängig)

Tabelle 4.4 Die drei Bereiche und Inhalte des Leitfadens EN ISO 9000-3

Leitfadenabschnitt	Inhalte
QM-System – Rahmen	**Dieser Teil der Norm EN ISO 9000-3 beschäftigt sich mit aufbauorganisatorisch relevanten Inhalten in der Gestaltung des QM-Systems**
Verantwortung der obersten Leitung des Lieferanten	Qualitätspolitik Organisation von Verantwortung/Befugnisse, Mittel, Personal Beauftragter der obersten Leitung, Review des QM-Systems
Verantwortung der obersten Leitung des Auftraggebers	Die Zusammenarbeit von Auftraggeber und Auftragnehmer wird in Form eines Projektteams sichergestellt Projektorganisation, Verantwortungsklärung Informationsaustausch – Projektinformationssystem
QM-System	Übersichtliche Dokumentation QM-Handbuch Verfahrens- und Arbeitsanweisungen QM-Plan
Interne Qualitätsaudits	Auditplan mit Terminen, Umfang, Art, etc. nach Verfahrensanweisung
Korrekturmaßnahmen	Die Ursachenfindung steht vor der Wirkungsbeseitigung mittels Prozeßanalyse, Ausarbeitung von Fehlerverhütungsmaßnahmen und Überwachung der Korrekturmaßnahmen sowie abschließender Dokumentation
QM – System Lebenszyklustätigkeiten (Projektablauf)	**Dieser Teil der Norm EN ISO 9000-3 beschäftigt sich mit ablauforganisatorisch relevanten Inhalten in der Gestaltung des QM-Systems** **Die folgenden Punkte sind phasenorientiert, in etwa in der zeitlich richtigen Anordnung positioniert**
Vertrags(über)prüfung	Checkliste zur Struktur der Vertragsprüfung
Spezifikation des Auftraggebers	Der Hinweis auf die gemeinsame Spezifikation und Entwicklung des Ziels aus Kundenforderungen und Lieferanten – Know-how bietet einen praktikablen Lösungsansatz. Die Abklärung von Verantwortung, die Schaffung einer gemeinsamen Sprache und die Dokumentation des Prozesses sind wichtige Inhalte
Planung der Entwicklung	Die Planung der Entwicklung umfaßt im wesentlichen die klassischen Punkte der Projektplanung: • Zielplanung und Umfeldanalyse • Aufgaben- und Ablaufplanung, Terminplanung • Planung der Mittel/Ressourcenplanung • Projektorganisation • Ablage – Identifikation verschiedener Pläne Entwicklungslenkung – Zielvorgabe und Verifizierung der Ziele je Projektphase (Projektcontrolling)

Leitfadenabschnitt	Inhalte
Planung des Qualitätsmanagements	QM-Pläne, Qualitätsziele Qualitätsrelevante Kriterien und Ergebnisse je Phase Test-, Verifizierungs- und Validierungsmaßnahmen Testplanung: Maßnahmen, Termine, Mittel, etc.
Design und Implementierung	Designregeln, Interne Schnittstellen definieren Methodik – unternehmens- und projektspezifisch Nutzung bestehender Erfahrungen Beachtung nachfolgender Prozesse Implementierung, Reviews
Testen und Validierung	Die hier in der Norm angeführten Inhalte sind sehr softwarespezifisch, Testdurchführung, Validierung, Feldversuche
Annahme	Beurteilung, ob das validierte Produkt den vereinbarten Kriterien entspricht Annahmeprüfungen (Planung, Durchführung, Dokumentation)
Vervielfältigung, Lieferung und Installation	Softwarespezifische Ansätze zu Kopierschutz und Lizenzen
Wartung	Wartungsplanung, Wartungsaufzeichnungen- und Berichte
QM-System – Unterstützende Tätigkeiten (phasenunabhängig)	**Dieser Teil der Norm EN ISO 9000-3 beschäftigt sich mit unterstützenden, nicht direkt kundenbezogenen Prozessen zur Qualitätssicherung im Rahmen des QM-Systems**
Konfigurationsmanagement	(erweitert und genauer bei ISO 10007) Konfigurationsmanagementplan Konfigurationsmanagement – Maßnahmen • Konfigurationsidentifizierung • Konfigurationsüberwachung • Konfigurationsbuchführung (-dokumentation) • Konfigurationsauditierung
Lenkung der Dokumente	Festlegung, Genehmigung und Änderungsvorgänge
Qualitätsaufzeichnungen	Verfahren für Identifikation, Sammlung, Indexierung (zur inhaltlichen Erschließung), Ordnung, Speicherung und Aufbewahrung, Pflege und Bereitstellung von Qualitätsaufzeichnungen, Einführung und Aufrechterhaltung
Messungen	Messungen am Produkt Prozeßmessungen
Beschaffung	Beurteilung von Unterlieferanten und beschafften Produkten
Beigestelltes SW-Produkt	Softwarespezifische Regelungen
Schulung	Schulungsbedarf ermitteln, Schulung sicherstellen

EN ISO 9004 Teil 1:1994

Titel: Qualitätsmanagement und Elemente eines QM-Systems
Teil 1: Leitfaden

In diesem Leitfaden werden Hinweise zum Aufbau eines wirkungsvollen QM-Systems gegeben. ISO 9004-1 schlägt als grundlegendes Denkmodell ein Produkt-Phasenkonzept vor.

Das Modell orientiert sich am klassischen branchenunabhängigen Produktlebenszyklus mit den Schnittstelle zwischen einzelnen funktionsorientierten Abteilungen bzw. den Schnittstellen Hersteller (Lieferant) und Kunde (Verbraucher).

Produkt – Phasenkonzept

- Marketing und Marktforschung
- Design/Spezifizierung und Entwicklung des Produktes
- Beschaffung
- Prozeßplanung
- Produktion
- (Qualitäts-)Prüfungen und Untersuchungen
- Verpackung und Lagerung
- Verkauf und Verteilung
- Montage und Betrieb
- Technische Unterstützung und Instandhaltung
- Beseitigung nach dem Gebrauch

Dieser Leitfaden empfiehlt, die **Erwartungen des Kunden** sowie die **Erfordernisse des Lieferanten** als Basis für die Betrachtung von Kosten, Nutzen und Risken samt zugehörigen Entscheidungen heranzuziehen.

Tabelle 4.5 Bereiche und Inhalte des Leitfadens EN ISO 9004-1

Leitfadenabschnitt	Inhalte
Verantwortung der Leitung	Qualitätspolitik, Qualitätsziele, Qualitätsmanagementsystem
Qualitätsmanagement-elemente	• Anwendungsgrad • Struktur des QM-Systems • Dokumentation des QM-Systems QM-Handbuch, Verfahrensanweisungen QM-Pläne • Auditprogramm: Aktivitäten, Personal, Verfahrensanweisung zur Durchführung von Audits • Bewertung des QM-Systems, Management-Review • Qualitätsverbesserung: Führungsstil, Kultur, Werte, Einstellungen, etc.
Finanzielle Überlegungen zu QM-Systemen	• Ansatz der qualitätsbezogenen Kosten: FPF-Kalkulationsmodell • Fehlerverhütungskosten • Prüfkosten • Fehlerkosten intern und extern • Ansatz prozeßbezogener Kosten: Konformitäts- und Fehlerkosten • Ansatz qualitätsbezogener Verluste: materiell und immateriell, aber monetär bewertet • Berichtswesen
Qualität im Marketing	An der Schnittstelle zwischen Kunden/Markt und Lieferant muß der Aufgabenbereich des Marketings, in Ergänzung zur Norm EN ISO 9001, abgesteckt werden. • Ermittlung des Bedarfs • Festlegung der Produktspezifikation • Kunden-Rückinformation
Die Norm 9004-1 ist in weiterer Folge bezugnehmend auf EN ISO 9001 gegliedert und beinhaltet umsetzungsorientierte Aussagen zu den Bereichen eines QM-Systems.	

EN ISO 9004 Teil 2:1992

Titel: Qualitätsmanagement und Elemente eines QM-Systems
Teil 2: Leitfaden für Dienstleistungen

Dieser Leitfaden ist für Projektorientierte Unternehmen mit hohem Dienstleistungsanteil von großer Bedeutung und hat folgende inhaltliche Ausrichtung.

- Management der mit einer Dienstleistung verbundenen **sozialen Prozesse** – Eingehen auf menschliche Aspekte

- Betrachten zwischenmenschlicher Beziehungen als einen wesentlichen Teil der **Qualität des Erstellungsprozesses** „Kontaktqualität"
- Erkennen der Bedeutung der **Qualität des Potentials** und der diesbezüglichen Vorstellungen bzw. Wahrnehmungen des Kunden (Image, Unternehmenskultur und den Leistungsstandard)
- Entwicklung der Fertigkeiten und Fähigkeiten der Mitarbeiter
- **Motivation** der **Mitarbeiter,** die Qualität zu verbessern und Erwartungen der Kunden zu erfüllen
- Die Sichtweise des **„Internen Kunden":**
  In erster Linie ist „der Kunde" der allerletzte Empfänger am Ende des Leistungserstellungsprozesses außerhalb der Organisation, als „Externer Kunde". Die Sichtweise des „Internen Kunden" beinhaltet die Anwendung von Kundenorientierung auf den unmittelbar nächsten Empfänger einer erbrachten Leistung im Unternehmen selbst

Das Qualitätsmanagementsystem umfaßt alle Prozesse, die zur Erbringung einer wirksamen Dienstleistung erforderlich sind, angefangen vom Marketing bis hin zur Auslieferung, und schließt die Analyse der für den Kunden erbrachten Dienstleistungen mit ein.

ISO 9004-2 trägt der Produktkategorie „Dienstleistung" dadurch Rechnung, daß im Normenaufbau von der klassischen Elementestruktur abgegangen wird, und folgende Abschnitte und Inhalte angeführt werden:

Tabelle 4.6 Bereiche und Inhalte des Leitfadens EN ISO 9004-2

Leitfadenabschnitt	Inhalte
Merkmale zu Dienstleistungen	
Dienstleistungsmerkmale und Merkmale des Erbringens von Dienstleistungen	Merkmale der Ergebnisse in Abstimmung mit den Forderungen an eine Dienstleistung
Lenkung von Dienstleistungsmerkmalen und von Merkmalen des Erbringens von Dienstleistungen	Merkmale des Prozesses der Dienstleistungserstellung als Aspekt der Dienstleistung
Grundsätze zum QM-System	
Schlüsselaspekte	Vier Schlüsselaspekte des QM-Systems: Struktur des QM-Systems Verantwortung der obersten Leitung Schnittstellen zu den Kunden Personal und Mittel

Leitfadenabschnitt	Inhalte
Verantwortung der obersten Leitung	Die Verantwortung der obersten Leitung bezieht sich auf mehrere Bereiche: Qualitätspolitik, Qualitätsziele Qualitätsverantwortung und -befugnisse Review des QM-Systems durch die oberste Leitung
Personal und Mittel	Personal – Motivation, Schulung und Entwicklung Kommunikation Materielle Mittel (Ausrüstung, Informationssystem)
Struktur des QM-Systems	Das QM-System sollte vor allem präventiv wirken Qualitätskreis für Dienstleistungen als strukturelle Basis Dokumentation des QM-Systems QM-Handbuch, QM-Plan Verfahrensanweisungen Qualitätsaufzeichnungen Interne Qualitätsaudits
Schnittstelle zum Kunden	Wirkungsvolle Zusammenarbeit ist ein zentrales Ziel (externer Faktor als Wesensmerkmal der Dienstleistung) Kommunikation mit Kunden
3. Ablaufelemente eines QM-Systems	
Marketingprozeß	Marktforschung und -analyse Verpflichtungen des Lieferanten Lastenheft/Pflichtenheft der Dienstleistung Dienstleistungsmanagement Werbung
Designprozeß	Der wesentliche Inhalt ist die Umwandlung des Lasten/ Pflichtenheftes in Spezifikationen der Dienstleistung als Ergebnis der Designverantwortungen Spezifikationen für die Dienstleistung selbst, und das Erbringen der Dienstleistung Spezifikation für die Qualitätslenkung Design Review Validierung der Spezifikationen für die Dienstleistung, für das Erbringen der Dienstleistung und für die Qualitätslenkung Lenkung von Designänderungen
Prozeß des Erbringens der Dienstleistung	Grundlage ist die Zuweisung spezifischer Verantwortlichkeiten Beurteilung der Dienstleistungsqualität durch den Lieferanten und den Kunden Dienstleistungsstatus Korrekturmaßnahmen für fehlerhafte Dienstleistungen Prüfmittelüberwachung
Analyse und Verbesserung der Dienstleistung	Grundlage ist das Datenmaterial aus dem Informationssystem zur Sammlung und Weitergabe von Daten aus allen relevanten Quellen Datensammlung und Analyse Statistische Methoden Verbesserung der Dienstleistungsqualität

ISO 10005:1995

Titel: Quality management – Guidelines for quality plans

Der Anwendungsbereich dieses Leitfadens erstreckt sich auf die Vorbereitung, Prüfung, Annahme und Überarbeitung von Qualitätsplänen zur Erfüllung der Anforderungen der ISO 9001.

Leitfadenabschnitt	Inhalte
Vorbereitung, Prüfung, Annahme, Überarbeitung des Qualitätsplanes	
Vorbereitung	• Definition und Dokumentation der Tätigkeiten für die Erstellung eines Qualitätsplans • Der Qualitätsplan zeigt die notwendigen Verfahren für das jeweilige Produkt, Projekt (lt. Vertrag und Vereinbarungen), um die Qualitätsziele zu erreichen • Möglichst knappe Detaillierung entsprechend Kundenanforderungen, Arbeitsweise des Lieferanten, Komplexität der Tätigkeiten • Der Qualitätsplan kann ein eigenständiges Dokument oder Teil einer Dokumentation (z.B. Projektpläne) sein • Aufteilung in Phasen (vgl. Projektphasen) oder Tätigkeitsschwerpunkte (z.B. Zuverlässigkeitsplan)
Prüfung und Annahme	• Qualitätspläne werden intern durch Verantwortliche aller betroffener Bereiche abgestimmt • Vorlage beim Kunden in der Angebotsphase oder nach der Auftragserteilung – Abstimmung mit dem Kunden • Entsprechend den vertraglich vereinbarten Meilensteinen wird in Projekten bei Beginn jeder Phase neuerlich abgestimmt • Verfahren, auf die im Plan verwiesen wird, sollten dem Kunden zur Verfügung gestellt werden
Überarbeitung/Korrektur	• Änderungen bei Produkt, Projekt oder Vertrag, der Servicebereitstellung oder der Qualitätssicherung müssen nachvollziehbar sein • Änderungen werden auf ihre Auswirkungen hin überprüft (durch die Verantwortlichen aus den Bereichen) • Vorbehaltlich der Vertragsbedingungen werden Änderungen dem Kunden zur Prüfung und Annahme vorgelegt
Inhalt des Qualitätsplanes (orientiert an der Elementstruktur der ISO 9001)	
Struktur und Umfang des Qualitätsplanes	Wird auf Grundlage der vorliegenden Norm und dem QM-System definiert und sollte mindestens enthalten: • das Produkt oder Projekt, auf das er angewendet wird • der Umfang des Vertrages, auf den er angewendet wird • die Qualitätsziele des Produktes, Projektes und/oder Vertrages (wann immer möglich als quantifizierbare Meßgrößen) • Ausnahmen • Bedingungen für die Gültigkeit

Leitfadenabschnitt	Inhalte
Verantwortung der Leitung	Der Plan sollte den folgenden Aktivitäten verantwortliche Personen zuweisen: • Planung, Umsetzung, Steuerung und Überwachung des Fortschritts der geplanten vertraglich festgelegten Aktivitäten • Information zu speziellen Anforderungen • Lösung von Schnittstellenproblemen • Überprüfung von Auditergebnissen • Interpretation der Forderungen aus dem QM-System • Steuerung korrektiver Maßnahmen
Qualitätsmanagementsystem	Ein Großteil der Dokumentation des Qualitätsplanes ist im Rahmen der QM- und Projektdokumentation enthalten. Der Qualitätsplan verweist auf diese Dokumentation. Für Anforderungen, die noch nicht im QM-System enthalten sind, wird durch den Qualitätsplan die Vorgehensweise festgelegt
Vertragsprüfung	• Festlegung wann, wie und durch wen die Anforderungen an Produkt, Projekt oder Vertrag geprüft werden sowie die Art der Prüfungsdokumentation • Lösung von Widersprüchen oder Mehrdeutigkeiten in den Anforderungen
Steuerung von Forschung und Entwicklung	• Wann, wie und durch wen wird der Entwicklungsprozeß ausgeführt, gesteuert und dokumentiert • Vorbereitung von Prüfung, Verifizierung und Gültigkeitserklärung des Entwicklungsergebnisses • Ausmaß der Miteinbeziehung von Kunden und Lieferanten • Gegebenenfalls Verweise auf Normen, Spezifikationen, etc.
Lenkung der Dokumente und Daten	• Festlegung anzuwendender Aufzeichnungen und Unterlagen • Kennzeichnung dieser Aufzeichnungen • Prüfung und Genehmigung von Aufzeichnungen und Unterlagen
Einkauf	• Identifikation aller wichtigen zuzukaufenden Produkte; Verantwortung, Qualitätssicherungsanforderungen • Bewertung, Auswahl und Überwachung der Subauftragnehmer • Anforderungen und Verweise auf Qualitätspläne vom Subauftragnehmer • Methoden, um den Anwendungsbestimmungen zugekaufter Produkte zu entsprechen
Lenkung der vom Kunden beigestellten Produkte	• Identifikation und Kontrolle beigestellter Produkte • Methoden, um die Einhaltung der an diese Produkte gestellten spezifischen Anforderungen zu verifizieren • Methoden, um mit fehlerhaften Produkten zu verfahren

Kennzeichnung und Rückverfolgbarkeit von Produkten	Definition von Bereich und Umfang der Rückverfolgbarkeit, Kennzeichnungsmethoden sollten auch in Erwägung gezogen werden, wenn keine Rückverfolgbarkeit verlangt ist. • Wie werden die vertraglich festgelegten und für die Durchführung gestellten Anforderungen an die Rückverfolgbarkeit identifiziert und aus den Arbeitsunterlagen ersichtlich • Welche Aufzeichnungen werden lt. Rückverfolgbarkeitsanforderungen erstellt und gelenkt
Prozeßlenkung	Der Plan soll zeigen, wie die Produkterstellungsprozesse geregelt werden, um die spezifischen Anforderungen zu erfüllen. Festlegung von oder Verweise auf : • relevante, dokumentierte Verfahren und Prozeßschritte • Methoden, Werkzeuge, Techniken zur Überwachung und Steuerung von Prozessen • Annahmekriterien für Qualitätsarbeit • Sicherstellung geeigneter Prozesse, entsprechender Ausstattung (Umfeldbedingungen) und Personal
Prüfungen	Relevanter Prüfplan, Verifikation der Konformität der Subauftragnehmer-Produkte. Die Prüfpunkte im Prozeßablauf (Projektplan) werden identifiziert. Prüfungsinhalt, Verfahren und Annahmekriterien; spezielle Werkzeuge, Techniken, Qualifikationen. Punkte der Beobachtung bzw. Verifikation durch den Kunden bzw. Einbezug von Sachverständigen. Wo, wann, wie werden Dritte für die Durchführung von folgenden Prüfungen herangezogen. • Typprüfungen • Abnahmeprüfungen • Produktverifikationen • Produktvalidierungen • Material-, Produkt-, Prozeß- oder Personalzertifizierungen
Prüfmittelüberwachung	Darlegung des Überwachungssystems: • Kennzeichnung der Prüfmittel • Kalibriermethoden, Methoden der Anzeige und Aufzeichnung des Kalibrierstatus • Bestimmung der Aufzeichnungen, die aufrecht erhalten werden müssen, um die Gültigkeit früherer Ergebnisse zu bestimmen, wenn Prüfmittel nicht mehr kalibriert sind
Prüfstatus	Der Plan soll alle spezifischen Anforderungen und Methoden für die Kennzeichnung und den Prüfstatus von Produkten, Aufzeichnungen und Unterlagen zeigen
Lenkung fehlerhafter Produkte	Darstellung, wie fehlerhafte Produkte identifiziert und überwacht werden, um ihre Verwendung bis zur Entsorgung auszuschließen • bestimmte Beschränkungen (maximale Nacharbeit,...) möglich • Darstellung der Umstände für eine Sonderfreigabe, die Verantwortung für das Ansuchen um Sonderfreigabe und die Art des Ansuchens für eine Sonderfreigabe

Korrektur- und Vorbeugungsmaßnahmen	Die Einleitung von Korrektur- und Vorbeugungsmaßnahmen aus den Erfahrungen mit einem Qualitätsplan muß enthalten sein
Handhabung, Lagerung Verpackung und Versand	Der Qualitätsplan beinhaltet die spezifizierte Transportart und Lagerung, um die vereinbarte Produktqualität sicherzustellen
Lenkung von Qualitätsaufzeichnungen	In Abstimmung mit dem Vertrag werden die definierten Aufzeichnungen bearbeitet hinsichtlich • Aufbewahrungsort, -medium und -dauer, Verantwortung; Verfügbarkeit bei Bedarf • Gesetzliche und vereinbarte Anforderungen • Umfang, Sprache und Inhalt der zu liefernden Unterlagen
Interne Qualitätsaudits	Schnittstelle zu den Internen Qualitätsaudits und der Umgang mit Auditergebnissen
Schulung	Spezifische Ausbildungserfordernisse werden dargestellt
Wartung	Für Wartung und Service (falls sinnvoll) sind entsprechende Unterlagen für den Kunden vorzubereiten, um die notwendigen Aktivitäten durchführen zu können
Statistische Methoden	Falls erforderlich werden entsprechende Methoden im Plan integriert.

ISO/DIS 10006:1996 (früher: CD 9004-6:1994)

Titel: Quality management – Guidelines for quality in project management

Dieser Leitfaden bildet zusammen mit anderen Leitfäden (EN 9004-1, ISO 10005, ISO 10007) für Projektorientierte Unternehmen ein Hilfsmittel für die Umsetzung der Forderungen aus den Modellnormen. Projektmanagement wird umfassend gesehen und beinhaltet das Qualitätsmanagement der Projekte. Die Prozeßqualität hat dabei wesentlichen Einfluß auf die Gesamtqualität des Projektes und damit den Projekterfolg.

Ein wichtiger Ansatzpunkt für die Betrachtung von Qualität im Leitfaden ist die grobe Unterteilung

- Qualität des Projektergebnisses und
- Qualität des Erstellungsprozesses

Das Gesamtprojekt wird als Prozeß betrachtet. Dieses Projekt wird üblicherweise in Subprozesse zerlegt. Die Subprozesse können zu Projektphasen zusammengefaßt werden.

Projekte sollten in Phasen gegliedert werden.

Die Phasenbildung gibt dem Projektverantwortlichen Möglichkeit und Mittel, die Zielerreichung zu überwachen. Risiken können phasenspezifisch besser abgeschätzt und gehandhabt werden.

Der vorliegende Leitfaden baut entsprechend der dualen Sicht der Qualität auf folgende grundsätzliche Prozeßgruppen auf:

- Projektmanagement-Prozesse
- Produktbezogene Prozesse im Projekt (Abgrenzung, Planung, Erstellung, Prüfung, etc.)

Die nachfolgend in Gruppen zusammengefaßten Prozesse sind nicht notwendigerweise in allen Projekten zu finden und stellen die umfangreichste Variante dar.

Tabelle 4.7 Prozesse und Inhalte des Leitfadens ISO/DIS 10006

Leitfadenabschnitt Prozeß, Subprozesse	Inhalt, Qualitätsmanagement-Aufgaben im jeweiligen Prozeß
Strategische Prozesse	
Höchste Priorität für Kundenzufriedenheit und für Erwartungen der Umfeldgruppen	• Klare Erarbeitung der Kundenerwartungen; alle Prozesse werden darauf ausgerichten • Schnittstellendefinition zu allen Umfeldgruppen • Klärung von gegenläufigen Erwartungshaltungen • Gemeinsame Zielvereinbarung entsprechend den Erwartungen, laufende Zieldetaillierung während des Projektes • Umfeldgruppen sollten ihre Erwartungen in Form von Produktcharakteristika, Terminen, Kosten, etc. definieren und mit Meßgrößen versehen • Vereinbarungen entsprechend festhalten (auch zum Zwecke von Claim Management)
Das Projekt (als Prozeß gesehen) besteht aus geplanten Subprozessen, Aufgaben sowie deren Beziehungen (Abhängigkeiten)	• Klare Identifikation von Prozessen, Subprozessen, Aufgaben und zugehörigen Verantwortungen und deren Dokumentation • Objektstruktur und Projektstruktur erstellen • Abhängigkeiten definieren • Einbezug von Lebenszyklusüberlegungen • Klärung der Projektorganisation, der Verantwortungen sowie der organisatorischen Einbettung • Geeignetes Personal mit entsprechenden Methodenkenntnissen für Planung und Steuerung der Prozesse sowie für Korrektur und Vorbeugemaßnahmen und Prozeßoptimierung • Fortschrittskontrolle planen (Kontrollpunkte, Zwischenergebnisse, etc.) und Planüberarbeitungen vorsehen
Mehrdimensionale Sicht der Qualität (Produkt, Prozeß) als Voraussetzung für die Zielerreichung	• Qualität des Projektmanagement-Prozesses • Qualität des Ergebnisses des Projektmanagement-Prozesses • Qualität des Projektergebnisses • Hilfsmittel sind Qualitäts-Audits, gezielte Qualitätsplanung, Reviews, Vorbeugende Maßnahmen, etc.

Leitfadenabschnitt Prozeß, Subprozesse	Inhalt, Qualitätsmanagement-Aufgaben im jeweiligen Prozeß
Die Schaffung eines optimalen Umfeldes für Projektleiter und Team zur Erarbeitung von Qualität ist Managementverantwortung	• Unternehmensführung und Projektleitung sind für die Schaffung eines entsprechenden Umfeldes verantwortlich • Projektspezifische Organisation • Entscheidungen auf fundierter Basis treffen • Fortschrittskontrollen im Rahmen des Projektcontrolling für Qualitätsüberprüfungen nutzen • Entsprechende Einbindung der Projektmitarbeiter • Schaffung geeigneter Lieferantenbeziehungen • Rechtzeitige (möglichst frühzeitige) Festlegung des Projektleiters. Verantwortungsbereich und Kompetenz sollten zusammenstimmen
Kontinuierliche Verbesserung ist Managementverantwortung	• Organisatorisches Lernen sicherstellen • Verbesserung des „Projektmanagement-Prozesses" generell • Ständige Verbesserung sicherstellen • Bereitschaft zu Self-Assessment, Audits, etc.
Management- Prozesse zu den wechselseitigen Abhängigkeiten	
Projektstart und Projektplanung	• Die Projektplanung beinhaltet unter anderem den Qualitätsplan und ist regelmäßig auf Stand zu halten • Projektplanung berücksichtigt Kunden und sonstige Umfeldgruppen und deren Erwartungen und sichert die Nachvollziehbarkeit • Klare Produktcharakteristika (Projektdefinition) und zugehörige Meßgrößen sollen enthalten sein • Vertragsprüfung sind durchzuführen • Ähnliche, vergleichbare Projekte und deren Erfahrungen sollten in der Startphase genutzt werden • Prozesse (Hauptaufgaben) definieren und im Projektplan festhalten • QM-System (Politik, Ziele, Organisation, Aufgaben) für das Projekt definieren und im Qualitätsplan festhalten; die Beziehung zum unternehmensweiten QM-System ist zu klären und die Einleitung von Korrektur- und Vorbeugemaßnahmen sicherzustellen • Anpassung an das unternehmensweite QM-System unter Priorität der Projektziele • Planung von Reviews und deren Dokumentation mit Bezugnahme auf projektspezifische Ausprägungen • Planung von Fortschrittskontrollen anhand von Meilensteinen im Projektplan sowie periodische Erfassung • Identifikation und Festlegung von Kennwerten und Meßgrößen und Vorbereitung entsprechender Assessments; die Kennwerte sollten Aussagekraft haben, damit bei Abweichungen Kor-

Leitfadenabschnitt Prozeß, Subprozesse	Inhalt, Qualitätsmanagement-Aufgaben im jeweiligen Prozeß
	rekturmaßnahmen zur Erreichung der Projektziele in einem geänderten Umfeld abgeschätzt werden können • Klare Schnittstellendefinition zu - Kunden und Umfeldgruppen - Stammorganisation und - innerhalb der Projektorganisation
Management der Beziehungen und Wechselwirkungen	• Gezieltes Beziehungsmanagement zu Umfeldgruppen • Schnittstellenmanagement – interdisziplinäre Teamsitzungen • Nutzung der Fortschrittsberichte, um Schnittstellenprobleme zu identifizieren • Projektkommunikation (wird unter „Kommunikationsprozesse" gesondert behandelt)
Konfigurations-Management	• Umgang mit Änderungen von Projektzielen, Projektprozeß und Projektergebnissen • Änderungen von Projektplänen (vgl. ISO 10007)
Abschluß, Ende	• Abschluß und Dokumentation inkl. Ablage von Prozessen und Aufgaben entsprechend der Planung • Projektabschluß – Review zu Projekterfolg und -ergebnis unter Einbezug von Fortschrittsberichten, Anregungen von Umfeldgruppen und Feedback des Kunden; Zusammenfassung des Reviews zur Sicherung der wesentlichen Erfahrungen • Information zum Projektabschluß an relevante Umfeldgruppen
Prozesse zu Ziel und Umfang des Projektinhalts **Projektinhalt umfaßt eine Beschreibung des Produktes (Objektes), dessen Merkmale und Meßgrößen sowie aller erforderlicher Aufgaben**	
Projektdefinition (Konzeptentwicklung) Entwicklung und Steuerung von Projektziel und Projektumfang	• Kundenwünsche zu Produkt und Prozeß werden in klar formulierten und vereinbarten Erwartungen dokumentiert • Umfeldanalyse zur Identifizierung und Dokumentation der unterschiedlichen Erwartungen der einzelnen Umfeldgruppen (Stakeholder) • Voraussetzung: Wesentliche Projektmerkmale sind vereinbart und liegen als meßbare Zielgrößen vor. Die Form der Abnahme der Übereinstimmung mit den definierten Kundenerwartungen wird spezifiziert • Nachweise zu Analyse und Bewertung alternativer Ansätze sollten verfügbar sein (Management von Änderungen ist später erläutert)
Aufgabenplanung	• Das Projekt sollte systematisch in Arbeitspakete und Einzelaufgaben strukturiert werden (Projektstrukturplan – PSP) • In die Aufgabenplanung sollten die mit der Abwicklung betrauten Mitarbeiter eingebunden sein, um ihre Erfahrung einbringen zu können und Akzeptanz sicherzustellen

Leitfadenabschnitt Prozeß, Subprozesse	Inhalt, Qualitätsmanagement-Aufgaben im jeweiligen Prozeß
	• Jede Aufgabe sollte klar abgegrenzt werden und meßbare Ergebnisse zum Ziel haben • Der Projektstrukturplan wird auf Vollständigkeit überprüft. Er beinhaltet auch Aufgaben des Projektmanagements (Projektplanung, Fortschrittsüberwachung, etc.) und des Qualitätsmanagements (Qualitätsplanung, Verbesserungsmaßnahmen, Konfigurationsmanagement, Risikomanagement etc.) • Abhängigkeiten zwischen den Aufgaben und zum Projektumfeld sollten geklärt und dokumentiert werden
Aufgabensteuerung	• Basis für die Aufgabensteuerung ist die Aufgabenplanung • Besonderes Augenmerk ist auf technologisch kritische bzw. neuartige Aufgaben zu legen • Ziel ist das Erkennen von Abweichungen und von Verbesserungspotentialen. Zeitpunkte des Eingreifens richten sich nach dem Ablauf- und Terminplan sowie dem Eintritt von auslösenden Ereignissen • Ergebnisse aus Soll/Ist-Vergleichen bezüglich Inhalt (Qualität) werden für Fortschrittsberichte und die Überarbeitung der Planung der noch ausstehenden Restaufgaben verwendet
Prozesse zu Ablauf, Terminen und Meilensteinen des Projektes	
Planung der Abhängigkeiten (Ablauflogik)	• Abhängigkeiten und logische Abläufe des Projektes werden identifiziert und überprüft • Falls möglich werden entwickelte Standards oder ähnliche Referenzprojekte verwendet, um auf bestehende Erfahrung aufbauen zu können
Schätzung der Dauern	• Dauernschätzungen sollten von erfahrenen Mitarbeitern durchgeführt werden, die auch in weiterer Folge verantwortlich für die Realisierung sind. Die Anwendbarkeit von Vergleichswerten früherer Projekte wird geprüft und die zugrundeliegenden Mengengerüste (z.B. Personalstunden) werden dokumentiert • Auch die spezifischen Aufgaben des Qualitätsmanagements sollten in der Dauernschätzung berücksichtigt werden • Bei unklaren Aktivitäten mit hohem Risiko sollte das Risiko bearbeitet werden (siehe Prozesse zum Projektrisiko) und für das nicht abgedeckte Restrisiko in die Dauernschätzung entsprechende Sicherheiten eingebaut werden (Contingency-Planung) • Wo notwendig und sinnvoll, werden Kunde, Lieferant und andere Umfeldgruppen eingebunden
Erarbeitung des Terminplans	• Überprüfung der erarbeiteten Basisinformationen auf Plausibilität und Übereinstimmung mit den spezifischen Projektbedingungen • Erarbeitung projektspezifischer Standards

Leitfadenabschnitt Prozeß, Subprozesse	Inhalt, Qualitätsmanagement-Aufgaben im jeweiligen Prozeß
	• Übereinstimmung von Aufgaben- und Terminplanung und samt deren Beziehungen wird überprüft; kritische und subkritische Aufgaben werden identifiziert • Wichtige Ereignisse (Freigaben, Lieferpunkte, Entscheidungspunkte, etc.) werden als Meilensteine identifiziert. Eine Fortschrittskontrolle und entsprechende Aufgaben werden eingeplant • Der Kunde und wichtige Umfeldgruppen werden eingebunden und erhalten ein zielgruppenspezifisches Ergebnis des Planungsprozesses zur Information oder Zustimmung
Termincontrolling	• Fristen und Häufigkeit der Controllingmaßnahmen hängen von Projektdauer und -komplexität ab, um adäquate Informationen zum Projektfortschritt zu liefern, Abweichungen werden dokumentiert und bei signifikantem Ausmaß berichtet • Für Besprechungen und Fortschrittskontrollen sollten aktuelle Projektpläne verwendet werden. Die Aktualisierung der Pläne erfolgt durch das Projektmanagement • Fortschrittsberichte, Trends und die Erfassung von Restaufgaben ermöglichen die Abgrenzung von Problemen und Erarbeitung von Lösungsmöglichkeiten • Die eigentlichen Ursachen für Abweichungen (positiv und negativ) sollten erkannt und im Sinne der Zielerreichung bearbeitet werden, sie bieten gleichzeitig eine Basisinformation zur ständigen Verbesserung im Projektorientierten Unternehmen • Mögliche Einflüsse von Änderungen des Terminplanes auf Projektbudget, Ressourcen und Qualität werden festgehalten. Entscheidungen sollten in Bezug zu den Projektzielen und weiteren Aufgaben stehen. Die entsprechende Kundeninformation und -kommunikation ist wichtig
Prozesse zu den Projektkosten	
Kostenschätzung	• Die Projektkosten werden nach unterschiedlichen Kostenarten (Personal, Material, zugekaufte Leistungen, Sonstiges etc.) erfaßt. Die Zusammenfassung orientiert sich idealerweise am Projektstrukturplan. Bei Erfahrungswerten ist die Verläßlichkeit der Information zu überprüfen. Die Nachvollziehbarkeit der Kostenschätzung ist sicherzustellen • Im Sinne der Ermittlung der „Qualitätskosten" sollten die entsprechenden Kosten (Vorbeugung, Fehler, Korrektur, etc.) ermittelt und zusammengestellt werden • Die Kostenschätzung sollte die wirtschaftlichen Rahmenbedingungen des Projektes (Inflation, Steuern, Wechselkurse, etc.) berücksichtigen • Bei unsicheren Aktivitäten mit hohem Risiko sollte das Risiko gezielt bearbeitet werden (siehe Prozesse zum Projektrisiko)

Leitfadenabschnitt Prozeß, Subprozesse	Inhalt, Qualitätsmanagement-Aufgaben im jeweiligen Prozeß
	• Die Kostenschätzung sollte zur leichteren Überführung in ein Budget auf die entsprechenden Richtlinien im Unternehmen Bezug nehmen
Budgetierung	• Basis der Budgetierung ist die Kostenschätzung • Das Budget sollte mit den Projekterfordernissen übereinstimmen, die getroffenen Annahmen, Toleranzen und Eventualitäten zur Nachvollziehbarkeit beinhalten und für die Kostenverfolgung verwendbar sein.
Kostenverfolgung	• Die grundlegenden Abläufe im Rahmen der Kostenverfolgung müssen festgelegt, dokumentiert und den Verantwortlichen kommuniziert werden • Fristen und Häufigkeit der Controllingmaßnahmen hängen von Projektdauer und -komplexität ab, um adäquate Informationen zum Projektfortschritt zu liefern. Abweichungen werden dokumentiert und bei signifikantem Ausmaß berichtet • Verwendung von entsprechenden Methoden (earned value analysis) zur frühzeitigen Erkennung von möglichen Problemen und zugehörigen Lösungsansätzen • Die eigentlichen Ursachen für Abweichungen (positiv und negativ) sollten erkannt und im Sinne der Zielerreichung bearbeitet werden. Sie bieten gleichzeitig eine Basisinformation zur ständigen Verbesserung im Unternehmen • Mögliche Einflüsse von Planänderungen auf das Projektbudget, Ressourcen und Qualität werden festgehalten. Entscheidungen sollten in Bezug zu den Projektzielen und verbleibenden Restaufgaben stehen. Die entsprechende Kundeninformation und -kommunikation ist wichtig • Die für die Freigabe von Mitteln (Teilzahlungen) erforderlichen Informationen aus dem Projektfortschritt sind zur Verfügung zu stellen • Projektspezifisch werden Berichte entsprechend den Vereinbarungen mit den betroffenen Umfeldgruppen erstellt
Ressourcenprozesse	
Ressourcenplanung	• Identifikation der benötigten Ressourcen • Der Ressourcenplan sollte aufbauend auf den Terminplan zeigen, welche Ressourcen wann und wo benötigt werden. Falls möglich sollten auch die Ressourcenquelle im Ressourcenplan enthalten sein • Der Ressourcenplan sollte als Basis (Referenzplan) für das Ressourcencontrolling verwendbar sein • Die Verläßlichkeit der Planungsgrundlagen sollte ebenso wie die Stabilität von liefernden Organisationen bzw. Abteilungen überprüft werden

Leitfadenabschnitt Prozeß, Subprozesse	Inhalt, Qualitätsmanagement-Aufgaben im jeweiligen Prozeß
	• Beschränkungen (Verfügbarkeit, Umwelt- und Kultureinflüsse, internationale Vereinbarungen, etc.) der Ressourcen müssen unbedingt berücksichtigt werden • Der gesamte Planungsprozeß der Ressourcenplanung sollte nachvollziehbar dokumentiert sein
Ressourcencontrolling	• Fristen und Häufigkeit der Controllingmaßnahmen hängen von Projektdauer und -komplexität ab um adäquate Informationen zu den Ressourcen zu liefern. Verbrauchte und verbleibende Ressourcen bieten Anhaltspunkte für die konkreten Maßnahmen zur Zielerreichung • Abweichungen werden bei signifikantem Ausmaß dokumentiert, analysiert und berichtet • Entscheidungen sollten erst nach Berücksichtigung der Einflüsse auf andere Aufgaben und Ziele getroffen werden. Änderungen mit Einfluß auf die Projektziele sollten mit Kunden und Umfeldgruppen abgeklärt werden • Die eigentlichen Ursachen für Abweichungen (positiv und negativ) sollten erkannt und für die ständige Verbesserung verwendet werden
Mitarbeiterprozesse **Mitarbeiter sind der wichtigste Einflußfaktor auf Qualität und Erfolg von Projekten. Die Mitarbeiterprozesse sollen die Umfeldbedingungen so sichern, daß jeder Mitarbeiter zum Gesamterfolg beitragen kann.**	
Festlegung der Projektorganisation	• In Abstimmung mit der Politik des Unternehmens wird die Projektorganisation entsprechend den spezifischen Anforderungen gebildet. Erfahrungen aus früheren Projekten werden falls möglich genutzt • Kommunikation und Kooperation zwischen den Beteiligten sollte durch die Projektorganisation sichergestellt werden • Der Projektleiter sollte die Projektorganisation entsprechend den Zielen und Rahmenbedingungen einrichten und die Klärung von Verantwortung und Entscheidungsbereichen mit der Stammorganisation vornehmen (Unterstützungsleistungen durch die Stammorganisation wie etwa KORE, Qualität, Einkauf, etc. klären) • Wichtige Beziehungen zu Kunden und relevanten Umfeldgruppen sind zu klären • Verantwortung, Zuständigkeit und Aufgaben sind zu klären (Stellenbeschreibungen, Rolle Projektleiter, etc.) • Die Aufgaben im Projekt im Rahmen des QM-Systems und die entsprechenden Schnittstellen sind klar zu definieren • Reviews der Projektorganisation sind vorzunehmen

Leitfadenabschnitt Prozeß, Subprozesse	Inhalt, Qualitätsmanagement-Aufgaben im jeweiligen Prozeß
Mitarbeiterauswahl und -zuteilung	• Die Anforderungen an die Projektmitarbeiter (Ausbildung, Kenntnisse, Erfahrung) sollten definiert werden • Projektleiter sollten primär Führungskompetenz besitzen • Für die Teambildung sollten Stärken, Schwächen, Verhalten und persönliche Präferenzen der Teammitglieder berücksichtigt werden • Der Projektleiter sollte in der Auswahl bzw. Nennung der anderen Teammitglieder eingebunden sein. Die Kenntnis der Persönlichkeit und der Erfahrung ist hilfreich in der Aufteilung der Verantwortung im Team • Die Stellenbeschreibung (Rollendefinition) sollte von den Teammitgliedern verstanden und akzeptiert werden. Das ausgewählte Projektteam sollte im Unternehmen bekannt gemacht werden • Leistungsfähigkeit und Bereitschaft des Personals werden überprüft und entsprechende Maßnahmen ergriffen
Teambildung, Teamentwicklung	• Teamentwicklung sollte alle Maßnahmen beinhalten, um die Leistung des Teams zu verbessern • Teamarbeit sollte anerkannt und belohnt werden • Das Management sollte eine Arbeitsumgebung schaffen, die gute Arbeitsbedingungen sichert und gute Umfeldbeziehungen ermöglicht
Kommunikationsprozesse **Diese Prozesse zielen auf die Erleichterung und Verbesserung der Kommunikation für die Projekte ab. Durch diese Prozesse wird die zeitgerechte und geeignete Erarbeitung, Sammlung, Speicherung und Verteilung der Projektinformation gesichert.**	
Planung der Kommunikation (schriftlich, mündlich)	• Kommunikationsplanung sollte die projektspezifischen Bedürfnisse und die individuelle Struktur der handelnden Personen berücksichtigen • Der Kommunikationsplan beinhaltet: - formell erforderliche/vereinbarte Informationsinhalte - Häufigkeit und Art (Medium) der Kommunikation • Desgleichen sollten im Kommunikationsplan Art, Häufigkeit und Zweck der unterschiedlichen Besprechungen/Sitzungen festgehalten werden • Format, Sprache und Struktur von Unterlagen sollte vereinbart werden (Kompatibilität) • Der Kommunikationsplan enthält das Informationssystem mit klarer Definition von Informationsquellen (-sendern) und Informationsempfängern. Zusätzlich sind die relevanten Kontroll-, Prüf- und Freigaberoutinen enthalten

Leitfadenabschnitt Prozeß, Subprozesse	Inhalt, Qualitätsmanagement-Aufgaben im jeweiligen Prozeß
	• Struktur und Format von Fortschrittsberichten sollte vor allem derart festgelegt werden, daß Abweichungen frühestmöglich aufgezeigt werden
Informations-management	• Das Projektinformationssystem sollte Erwartungen aus der Projekt- wie auch der Stammorganisation berücksichtigen und Abläufe für das gesamte Informationshandling beinhalten (Information – erarbeiten, sammeln, aufbereiten, identifizieren, klassifizieren, speichern, verteilen, aktualisieren, archivieren, vernichten) • Zur Sicherung der Effektivität sollte Information den Nutzererwartungen entsprechen, klar präsentiert und entsprechend der Planung verteilt werden • Informelle Übereinkommen, die für das Projekt wichtig sind, sollten formalisiert und dokumentiert (nachvollziehbar) werden • Regeln und Richtlinien für Besprechungen/Sitzungen sollten in Abhängigkeit von Art und Zweck der Sitzung vereinbart werden. Die Agenda sollte vorab verteilt werden, um entsprechende Vorbereitung zu ermöglichen
Steuerung der Kommunikation	• Der Kommunikationsplan sollte implementiert und eingesetzt werden • Reviews und Überprüfungen sollten die Nutzbarkeit sicherstellen und dokumentieren • Spezielle Beachtung sollten die Schnittstellen finden (Stammorganisation/Projekt), an denen häufig Mißverständnisse vorkommen
Risikoprozesse **Projekt-Risiko-Management umfaßt den Umgang mit Unwägbarkeiten und Unsicherheiten in einem strukturierten, systematischen Ansatz. Ziel ist die Minimierung des Einflusses negativer Ereignisse (Schäden) und die Sicherung der Lernchance.**	
Risiko-Identifikation	• Mögliche Abwicklungs- und Produktrisiken sollten in strukturierter Art und Weise erfaßt werden • Erfahrung und Dokumentation früherer Projekte sollten genutzt werden • Risiko-Identifikation sollte zu Projektstart aber auch bei Fortschrittsberichten und anderen wichtigen Meilensteinen (Entscheidungen) durchgeführt werden • Die Risikoidentifikation sollte nicht nur Produktrisiken, Terminrisiken und Kostenrisiken beinhalten, sondern auch Aspekte wie Sicherheit, Produkthaftpflicht, Gesundheit und Umwelt • Abhängigkeiten zwischen Risiken sollten erkannt werden • Die Verantwortung für identifizierte Risiken werden geklärt

Leitfadenabschnitt Prozeß, Subprozesse	Inhalt, Qualitätsmanagement-Aufgaben im jeweiligen Prozeß
Risiko-Abschätzung	• Eintrittswahrscheinlichkeit und Einfluß bzw. Ausmaß des Schadens sollten unter Einbezug von Erfahrungen und Dokumenten aus früheren Projekten geschätzt werden • Eine qualitative Analyse sollte immer der quantitativen Abschätzung vorausgehen
Risiko-Gestaltung	• Aufbauend auf Erfahrungen, bekannten Technologien und Daten werden Lösungen betreffend Vermeidung, Reduktion, Überwälzung oder Entscheidung zum bewußten Akzeptieren von Risiken getroffen • Sicherheiten (Vorsorgen) für Risiken in der Terminplanung und Budgetierung sollten erkennbar sein, um im entsprechenden Fall angewendet werden zu können • Getragene Risiken sollten dokumentiert und Gründe für das Tragen dieser Risiken dokumentiert werden
Risiko-Steuerung	• Risikosteuerung baut während des gesamten Projektes auf dem Regelkreis: Identifikation – Schätzung – Gestaltung – Verfolgung auf • Projektmanagement sollte permanent Risiken mit einbeziehen und die Mitarbeiter im Projekt entsprechend einbinden • Vorgehenspläne für Eventualitäten sollten vorbereitet und vereinbart werden (Krisenplan) • Entsprechende Informationen zum Risikostand bilden einen Teil der Fortschrittsberichte
Beschaffungsprozesse **Diese Prozesse beschäftigen sich mit dem Zukauf von Leistungen im Rahmen des Projektes.**	
Planung und Steuerung der Beschaffung	• Die Beschaffungsplanung beinhaltet die Identifikation und Planung der zu beschaffenden Produkte. Berücksichtigt wird die Planung der Merkmale zu Qualität, Terminen und Kosten • Aus Sicht des Projektes werden alle zu beschaffenden Produkte (unternehmensintern und extern) in die Beschaffung miteinbezogen (Formal besteht ein Unterschied, nämlich ein Vertrag) • Schnittstellen sollten erkannt und definiert werden, um bearbeitbar zu sein • Für die Beschaffungsprozesse sollte ausreichend Zeit verfügbar sein (Lieferantenbewertung und -auswahl, Pflichtenhefterstellung, Ausschreibung, Vertragserrichtung, Vertragsprüfung) • Der Fortschritt in der Beschaffung wird laufend überprüft
Dokumentation der Anforderungen	• Beschaffungsunterlagen sollten standardisiert sein, und Lieferdaten für Produkt und Dokumentation beinhalten • Beschaffungsunterlagen sollten vollständig und eindeutig sein

Leitfadenabschnitt Prozeß, Subprozesse	Inhalt, Qualitätsmanagement-Aufgaben im jeweiligen Prozeß
	• In Beschaffungsunterlagen (Verträgen) mit Lieferanten sollte die Möglichkeit der Überprüfung vor Ort, im Unternehmen des Lieferanten, als Bedingung vereinbart sein
Lieferantenbewertung	• Die finanzielle Stabilität (z.B. Liquidität) des Lieferanten sollte einbezogen werden, desgleichen die Verfügbarkeit an erforderlichen Ressourcen
Vertragsgestaltung, Vertragsprüfung	• Ein generelles Verfahren für die Vertragsgestaltung sollte eingerichtet sein • Alle Abweichungen eines Angebotes zur Ausschreibung sollten in den Angebotsvergleich miteinbezogen werden Akzeptierbare Abweichungen sollten von denselben Stellen freigegeben werden, die die Ausschreibung erstellt haben • Der Angebotsvergleich sollte nicht nur den Preis beinhalten, sondern auch Transport, Versicherung, Lizenzgebühren, Zoll, Wechselrisiko, etc. • Die Durchgängigkeit von Vertragsbedingungen (Überbindung von Risiken) – Auftraggeber – Lieferant – Sublieferant sollte gewährleistet werden
Lernen am Projekt **Die Organisation sollte das Projekt als eine Informationsquelle und Lernchance nutzen.**	

EN ISO 10007:1995

Titel: Qualitätsmanagement
Leitfaden für Konfigurationsmanagement

Dieser Leitfaden setzt Richtlinien für das Konfigurationsmanagement. Konfigurationsmanagement erstreckt sich über die gesamte Produktlebensdauer.

Das Ziel von Konfigurationsmanagement ist die Dokumentation und Schaffung von Transparenz zum jeweils aktuellen Zustand (Konfiguration) eines Produktes/Objektes in Bezug auf die getroffenen Vereinbarungen.

Konfigurationsmanagement weist Überschneidungen mit dem Claim Management auf. Darum sind Inhalte des Leitfadens für Konfigurationsmanagement in mehreren Kapiteln bereits eingearbeitet.

Maßnahmen im Konfigurationsmanagement:

- Konfigurationsidentifizierung
- Konfigurationsüberwachung
- Konfigurationsbuchführung
- Konfigurationsauditierung

4.4.1.4 Zukünftige Entwicklung der Qualitätsnormen

Die Weiterentwicklung der Qualitätsnormen sollte in Richtung TQM-Assessments verbunden mit entsprechenden Awards (European Quality Award, nationale Qualitätspreise) gehen. Die Zielsetzung der nächsten Revision („Revision 2000") ist die Schaffung eines prozeßorientierten Normenmodells zur Gestaltung von QM-Systemen. Die Ausgestaltung der Tiefe des jeweiligen Systems wird unternehmensspezifisch zu sehen sein.

Die unterschiedlichen Wirtschaftsbereiche werden in die bekannten vier Hauptgruppen aufgeteilt:

- Hardware-Produkte
- Software-Produkte
- Dienstleistungs-Produkte
- Verfahrenstechnische-Produkte

Die Prozeßstruktur der neuen Modellnorm umfaßt voraussichtlich folgende fünf Prozesse:

1. Management-Prozesse

Zur Führung der anderen Prozesse - Politik, Organisation, Verantwortlichkeiten, Führung, Zielsetzung, Weiterentwicklung, Management-Review;

2. Kundenbeziehungs-Prozesse

Kundenbedürfnisse, Erwartungen, Markt, Kommunikation mit Umfeld, Tätigkeiten nach der eigentlichen Produktlieferung bzw. Dienstleistungserstellung;

3. Personalmanagement-Prozesse

Von der Bedarfsplanung bis zum Personalaustritt, Infrastruktur, Information, Lizenzen, Ausstattung;

4. Produktentstehungs-/Leistungserbringungs-Prozesse

Die operativen Prozesse entlang der Wertschöpfungskette - Design und Entwicklung, Beschaffung, Herstellung, Montage, Inbetriebsetzung, Instandhaltung, Prüfungen, Logistik, Entsorgung;

5. Unterstützende Prozesse

Dokumentation, Daten, Prüfmittel, Qualitätskostenrechnung, Korrekturmaßnahmen, statistische Methoden, Bewertungsprozesse mit den Verfahren der internen Qualitätsaudits und Assessments;

Die bestehenden Anforderungsnormen ISO 9001, 9002 und 9003 werden voraussichtlich zu einer einzigen kompletten Norm ISO 9001 zusammengefaßt und als Basis für die Zertifizierung erstellt.

Die Norm ISO 9004 wird inhaltlich erweitert und stellt als Leitfaden die Brücke zu TQM dar.

Die bestehende ISO 10011, Audit-Durchführung wird voraussichtlich im wesentlichen übernommen.

Die heutige ISO 8402 und ISO 9000-1 sollen in ihren wesentlichen Teilen zum Leitfaden ISO 9001 zusammengelegt werden.

Die übrigen Interpretationshilfen sollen als ISO Technical Reports (TR) zusammengefaßt werden.

Laut aktuellem Zeitplan sind die angeführten Normen für das Jahr 2000 zur Publikation vorgesehen.

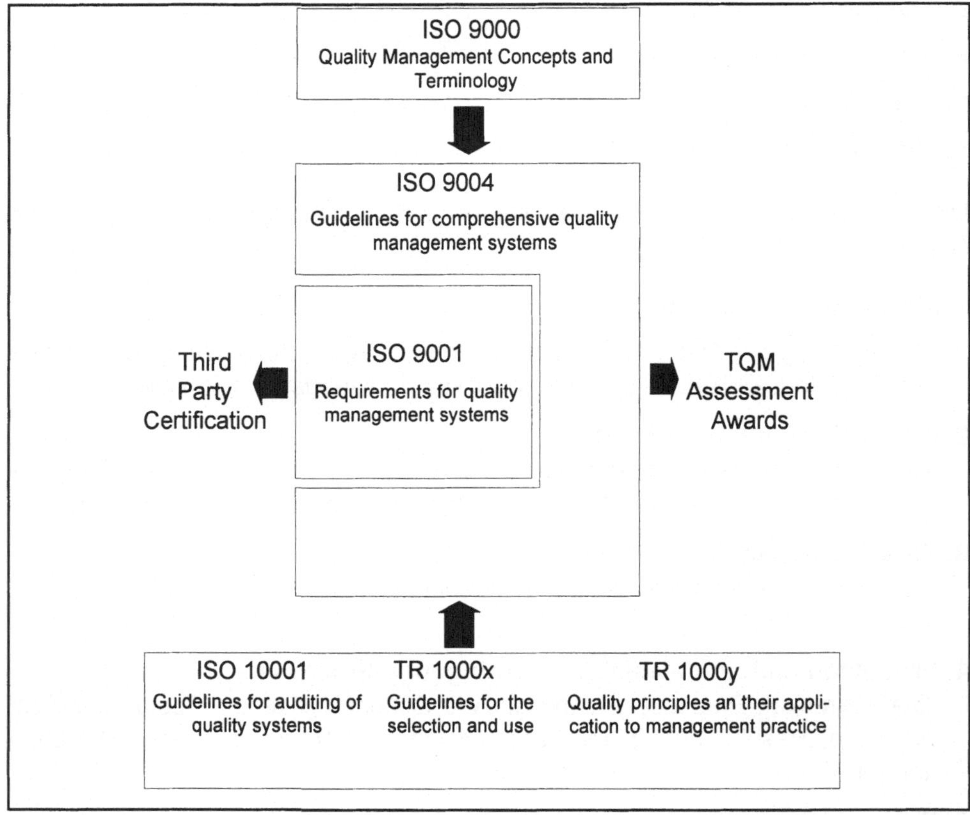

Bild 4-4 Voraussichtliche Struktur der ISO 9000Serie nach Revision 2

4.4.2 Qualitätspolitik im Projektorientierten Unternehmen

Die Qualitätspolitik ist aus der Vision und den langfristigen Zielen des Unternehmens abgeleitet und stellt die zentrale und wesentliche Aussage des Unternehmens zu Qualität im Unternehmen dar.

Der Gestaltungsprozeß der Qualtitätspolitik sollte top down unter Einbindung der Mitarbeiter geschehen.

Aspekte der Qualitätspolitik

Die Qualitätspolitik sollte zentrale Aussagen zum generellen Umgang mit den Interessenspartnern des Unternehmens enthalten.

Interessenspartner des Unternehmens sind:

- Kunden
- Mitarbeiter
- Eigentümer
- Lieferanten
- Umfeld

Risikopolitik:

Für Projektorientierte Unternehmen stellt die Risikopolitik einen wichtigen Teil der Qualitätspolitik dar.

Die Grundlage der Risikopolitik ist das strategische, generelle Risikoverhalten – entweder risikofreudig, oder risikoavers – der Entscheidungsträger im Unternehmen.

Risikopolitische Maßnahmen sollten im einzelnen entweder den Eintritt von Schäden zufolge eingegangener Risiken verhindern oder deren Folgen vermindern. Dementsprechend unterscheidet man auch zwischen präventiven und korrektiven Maßnahmen.

Tabelle 4.8 Maßnahmen zufolge Risikopolitik

Präventive Maßnahmen	Korrektive Maßnahmen
• Projektauswahl • Marktforschung • Bonitätssicherung • Personalauswahl • Verfahrens- und Systemauswahl	• Vertragsgestaltung (Risikotransfer an Kunden, Konsorten, Lieferanten, etc.) • Versicherung • Risikoaufschläge in der Kalkulation • Rücklagenbildung

4.4.3 Prozeßorientiertes QM-System im Projektorientierten Unternehmen

Im Projektorientierten Unternehmen paßt sich der Aufbau des QM-Systems und der Systemdokumentation idealerweise dem Projektablauf im Unternehmen an.

Der Nachweis der vollständigen Festlegung aller Normenelemente EN ISO 9001 erfolgt mittels einer Korrelationstabelle.

umfaßt	Verteiler		Beschreibung, Inhalt
ganzes Unternehmen	**intern und extern**	**QM-Handbuch**	Grundsätze, Aufbau- und Ablauforganisation, Zusammenhänge die unternehmensweit gelten, Verantwortlichkeiten und Kompetenzen, Prozesse; organisatorisches Firmen-Know-how, Hinweise auf Verfahrens- und Arbeitsanweisungen sowie den Projektmanagementleitfaden
Bereich Abteilung	**nur intern** bereichs- bzw. abteilungsweise oder auch übergreifend	**Verfahrensanweisungen** **Projektmanagementleitfaden**	Abläufe entsprechend den definierten Prozessen werden in den Verfahrensanweisungen in Form von Flow-Charts detailliert beschrieben. Verfahrensanweisungen enthalten organisatorisches und technisches Know-how des Unternehmens. **Der Projektmanagementleitfaden stellt die Zusammenfassung aller wichtigen Hilfsmittel in der Projektarbeit dar**
Sachgebiet, Tätigkeit	**nur intern**	**Arbeitsanweisungen** **Checklisten** **Prüfanweisungen**	Regelung von Einzelheiten, Detailanweisungen wie Prüfspezifikationen, etc. Enthält technisches Know-how des Unternehmens

Bild 4-5 Qualitätsmanagementsystem im Projektorientierten Unternehmen – Struktur und Dokumente

Der Projektmanagementleitfaden als zentrale Verfahrensanweisung in der Projektarbeit stellt das Spezifikum im Projektorientierten Unternehmen dar.

4.4.4 Beispiele zu prozeßorientierten QM-Systemen

Im Projektorientierten Unternehmen richtet sich der Aufbau des QM-Systems und der Systemdokumentation unbedingt an den zentralen Prozessen im Unternehmen – den Projekten – aus.

Im Detail erfolgt die Ablaufdarstellung und Schnittstellen- und Verantwortungsklärung der Prozesse im Rahmen der Verfahrensanweisungen. Parallel dazu gibt es Arbeits- und Prüfanweisungen. Für die Projektabwicklung wird idealerweise ein Projektmanagementleitfaden gestaltet.

Im folgenden werden für zwei Beispiele zu Projektorientierten Unternehmen

- Engineeringunternehmen
- Beratungsunternehmen

die Prozeßgruppen und das QM-Handbuch mit Korrelationstabellen entwickelt und dargestellt.

4.4.4.1 QM-System im Engineeringunternehmen

Im Engineeringunternehmen werden folgende Prozeßgruppen gestaltet:

- **Führungsprozesse- und Mitarbeiterprozesse**
  - Vorwort und Qualitätspolitik des Unternehmens
  - Aufbau und Organisation des Unternehmens, Personal (Schulung, Entwicklung und Motivation)
  - Erstellung, Inkraftsetzung und Änderung des QM-Systems
- **Angebots- und Vertragsabwicklungsprozesse**
- **Projektabwicklungsprozesse**
- **Allgemeine Geschäftsprozesse ohne Projektcharakter**
- **Wartungs- und Service-Prozesse als Dienstleistung**
- **Unterstützende Prozesse**

Tabelle 4.9 Inhaltsverzeichnis für das prozeßorientierte QM-Handbuch im Engineeringunternehmen mit Korrelationstabelle zu ISO 9001

Handbuchabschnitte	EN ISO 9001
0. **Titelblatt, Inhaltsverzeichnis**	
1. **Vorwort, Qualitätspolitik des Unternehmens**	
Vorwort und Verbindlichkeit	
Qualitätspolitik	4.1.1;
Abkürzungen und Begriffe	
Mitgeltende Unterlagen	
2. **Aufbau und Organisation**	
Zweck, Geltungsbereich	
Organigramm	4.1.2;
Organisatorische Festlegungen zum Qualitätsmanagement	4.1.2;
Organisationsänderungen	4.1.2;
Personal-Schulung, Entwicklung und Motivation	4.1.2, 4.18;
Hilfsmittel und Einrichtungen	4.1.2;
Mitgeltende Unterlagen	
3. **Erstellung, Inkraftsetzung und Änderung des QM-Systems**	
Zweck, Geltungsbereich	
Grundsätze des Qualitätsmanagement im Unternehmen	4.2.1;
QM-System – Aufbau und Struktur	4.2.1, 4.2.2,
QM-Systemdokumentation – Zuständigkeiten	4.1.2, 4.5.;
Normen, QM-Dokumente – Zuständigkeiten	4.5.;
QM-Bewertung	4.1.3;
Qualitätsplanung	4.2.3;
Benutzerhinweise	
Korrelationstabellen	4.2.1;
Mitgeltende Unterlagen	

Handbuchabschnitte	EN ISO 9001
4. **Angebots- und Vertragsabwicklungs-Prozesse**	
Zweck, Geltungsbereich	
Angebotslegung und Auftragsverhandlung	4.3.1, 4.3.2;
Vertragsprüfung und Vertragsänderungen	4.3.2, 4.3.3, 4.3.4;
Zuständigkeiten	4.3.1;
Mitgeltende Unterlagen	
5. **Projektabwicklungsprozesse**	
Zweck, Geltungsbereich	
Projektplanung, Qualitätsplanung	4.4.2, 4.9.,
Technologie, Auslegung und Konstruktion	4.4., 4.9.;
Beschaffung	4.6.1, 4.6.3, 4.6.4;
Projektsteuerung	4.9., 4.13., 4.14.;
Montage und Inbetriebnahme	4.7, 4.9., 4.10.2, 4.10.4;
Prüfungen im Rahmen der Projektabwicklung	4.10., 4.12.;
Kennzeichnung und Rückverfolgbarkeit	4.8.;
Beurteilung der Qualität durch Kunden	4.14.2;
Zuständigkeiten	
Mitgeltende Unterlagen	
6. **Allgemeine Geschäftsprozesse (ohne Projektcharakter)**	
Zweck, Geltungsbereich	
Fertigungsprozesse	4.4., 4.6.1, 4.6.3, 4.6.4, 4.9., 4.10., 4.12., 4.13;
Ersatzteilbewirtschaftung und Handel	4.6.1, 4.6.3, 4.6.4, 4.8., 4.9, 4.10., 4.12., 4.13.;
Zuständigkeiten	
Mitgeltende Unterlagen	
7. **Wartungs/Service-Prozesse als Dienstleistung**	
Zweck, Geltungsbereich	
Wartungs- und Kundendienstarbeiten	4.19.;
Großreparaturen	4.7., 4.19.;
Zuständigkeiten	
Mitgeltende Unterlagen	

Handbuchabschnitte	EN ISO 9001
8. **Unterstützende Prozesse**	
Zweck, Geltungsbereich	
Einkauf und Lieferantenbewertung	4.6.;
Lagerung, Verpackung, Versand	4.10.2., 4.10.5., 4.15.;
Technologie, Forschung und Entwicklung (allgemein)	4.4.;
Prüfmittelüberwachung	4.11.;
Korrektur- und Vorbeugungsmaßnahmen	4.14.;
Datensammlung und Analyse	4.20.;
Qualitätsaufzeichnungen	4.16.;
Interne Audits	4.17.;
Infrastruktur und Informationssystem	4.6.3., 4,9., 4.16.;
Mitgeltende Unterlagen	
9. **Anlage**	

Zur besseren Nachvollziehbarkeit der Erfüllung der Normenforderungen sei eine umgekehrte Korrelationstabelle erarbeitet.

Tabelle 4.10 Korrelationstabelle von ISO 9001 zu den Handbuchkapiteln

EN ISO 9001	Handbuchabschnitte
1. Verantwortung der obersten Leitung	1.2, 2, 3.4, 3.6;
2. Qualitätsmanagementsystem	3.2, 3.3, 3.7, 3.9;
3. Vertragsprüfung	4;
4. Designlenkung	5.2, 5.3, 6.2, 8.4;
5. Lenkung der Dokumente und Daten	3.4, 3.5;
6. Beschaffung	5.4, 6.2, 6.3, 8.2, 8.10;
7. Lenkung der vom Kunden beigestellten Produkte	5.3, 7.3;
8. Kennzeichnung und Rückverfolgbarkeit von Produkten	5.8, 6.3;
9. Prozeßlenkung	5.2, 5.3, 5.5, 5.6, 6.2, 6.3, 8.10;
10. Prüfungen	5.6, 5.7, 6.2, 6.3, 8.3;
11. Prüfmittelüberwachung	8.5;
12. Prüfstatus	5.7, 6.2, 6.3;
13. Lenkung fehlerhafter Produkte	5.5, 6.2, 6.3;
14. Korrektur- und Vorbeugungsmaßnahmen	5.5, 5.9, 8.6;
15. Handhabung, Lagerung, Verpackung, Konservierung und Versand	8.3;
16. Lenkung von Qualitätsaufzeichnungen	8.8, 8.10;
17. Interne Qualitätsaudits	8.9;
18. Schulung	2.6;
19. Wartung	7.2, 7.3;
20. Statistische Methoden	8.7;

4.4.4.2 QM-System im Beratungsunternehmen

Folgendes Schema wurde spezifisch für eine Unternehmensberatung erstellt, kann aber für Dienstleister mit ähnlichem Produktcharakter in modifizierter Form angewendet werden. Wesentlich für die Erarbeitung und Darstellung der Prozesse ist hierbei nicht die Analyse bis ins kleinste Detail, sondern vielmehr der generelle Ansatz des „Prozeßdenkens".

Alle unmittelbaren Prozesse (Prozesse, die direkt für einen Kunden geleistet werden) als auch die mittelbaren Prozesse (begleitende bzw. unterstützende Prozesse, die für die Produkterstellung notwendig sind) werden in dem Prozeßschema dargestellt.

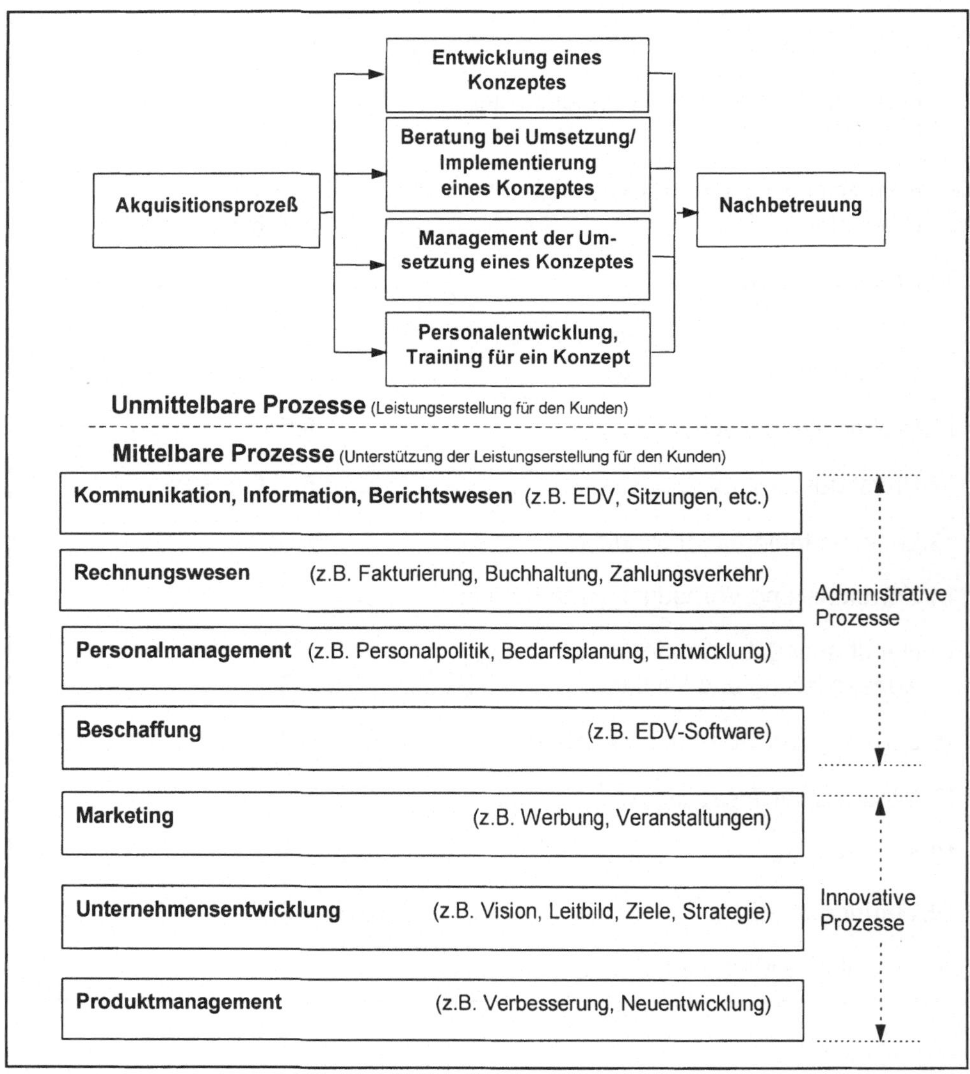

Bild 4-6 Prozeßgruppen im Beratungsunternehmen

Zur Darstellung der Prozesse in einem Beratungsunternehmung läßt sich folgendes feststellen:

Entscheidend ist die Feststellung und Abbildung der **unmittelbaren Prozesse**, die direkt oder indirekt Deckungsbeitrag durch den Kunden beisteuern. Diese Prozesse sind unternehmensspezifisch unterschiedlich. Unabhängig von dem jeweils zu erbringenden Produkt müssen die Prozesse „Akquisition" und „Nachbetreuung" durchlaufen werden.

Die **mittelbaren Prozesse** sollen die unmittelbaren Geschäftsprozesse unterstützen; sie laufen phasenübergreifend und parallel dazu ab.

Da die Qualifikation des Personals in Beratungsunternehmungen überdurchschnittlich hoch ist, sollten nicht alle Prozeßvorgaben bis ins letzte Detail festgelegt werden. Mit dem entstehenden Freiraum können Lösungen für Einzelfälle flexibel gestaltet werden; gleichzeitig ermöglicht man damit eine gewisse Individualität der Lösungsgestaltung.

Aufbauend auf obigen Überlegungen sei nun die Struktur eines QM-Systems mit gesamter Systemdokumentation für den speziellen Fall des Beratungsunternehmens prozeßorientiert aufgebaut und vorgeschlagen.

Tabelle 4.11 Struktur des prozeßorientierten QM-Systems

Handbuchabschnitte	EN ISO 9001
0 **Titelblatt, Inhaltsverzeichnis**	
1 **Einleitung**	
1.1 Vorwort und Verbindlichkeit	
1.2 Zweck und Anwendungsbereich	
1.3 Vorstellung des Unternehmens	4.1.2;
1.4 Benutzung des QM-Handbuchs	
1.5 Abkürzungen und Begriffe	
1.6 Mitgeltende Unterlagen	
2 **Managementprozesse**	
2.1 Qualitätspolitik	4.1.1;
2.2 Unternehmensentwicklung	
2.2.1 Verantwortung der Geschäftsleitung	4.1;
4.2.2 Analyse/Verbesserung int. Prozesse	4.1, 4.14, 4.20;
2.3 Qualitätsmanagement-System (Aufbau und Pflege)	
2.3.1 Organisatorische Festlegungen zum QM	4.1.2;
2.3.1 Interne Audits	4.17;
2.3.2 Kommunikation, Information, Berichte	4.2, 4.5, 4.16;

Handbuchabschnitte	EN ISO 9001
2.4 Organisationsänderungen	4.1.2;
2.5 Personalmanagement	4.1.2, 4.18;
2.6 Mitgeltende Unterlagen	
3 **Geschäftsprozesse**	
3.1 Akquisitionsprozeß	4.3, 4.4, 4.16;
3.2 Beratung bei der Entwicklung eines Konzeptes	4.4, 4.5, 4.7, 4.9, 4.10; 4.11, 4.12, 4.13, 4.15; 4.16;
3.3 Beratung bei Umsetzung/Implementierung eines Konzeptes	wie 3.2;
3.4 Management der Umsetzung eines Konzeptes	wie 3.2;
3.5 Personalentwicklung, Training für ein Konzept	wie 3.2, 4.18;
3.6 Nachbetreuung (kundenspezifisch)	4.19.;
3.7 Nachbearbeitungen und Verbesserungen	4.7, 4.14, 4.19.;
3.8 Mitgeltende Unterlagen	
4 **Hilfsprozesse**	
4.1 Kommunikation, Berichtswesen Qualitätsaufzeichnungen	4.16;
4.2 Infrastruktur, und Informationssystem (EDV)	4.6.3, 4,9, 4.16;
4.3 Rechnungswesen	
4.4 Beschaffung	
4.4.1. Lieferantenbewertung	4.6;
4.4.2. Einkauf (EDV, Büromaterial, Sonstiges)	4.6, 4.10;
4.4.3. Subauftragnehmerleistungen	4.6, 4.10;
4.5 Marketing	
4.6 Produktmanagement – Entwicklung neuer Dienstleistungen	4.4;
4.7 Datensammlung und Analyse	4.20;
4.8 Mitgeltende Unterlagen	
5 **Anhang**	

4.4.5 Der Projektmanagement-Leitfaden – QM-Instrument im Projektorientierten Unternehmen

Der Projektmanagementleitfaden beschreibt einer grundsätzlichen Struktur folgend die zentralen Abläufe, Kommunikationswege und -schnittstellen sowie Kompetenzen und Verantwortungen im Projekt.

Der Projektleitfaden dient neben Verfahrens- und Arbeitsanweisungen als Baustein des QM-Systems und wird in Projektorientierten Unternehmen je nach Art und Umfang unterschiedlich bezeichnet.

- Projektmanagementleitfaden
- Projektleitfaden
- Angebots- und Projektleitfaden
- Leitfaden für die Projektabwicklung
- Projektleiterhandbuch
- Auftragsleiterhandbuch
- Organisationshandbuch für Projekte, etc.

Der Projektmanagementleitfaden stellt dabei nicht ein projektspezifisch erarbeitetes Projekthandbuch dar, sondern dient als Richtlinie für die Abwicklung von Projekten und zur Orientierung von Projektleiter und Projektmitarbeitern.

Ziele des Projektmanagementleitfadens

- Klärung der Rahmenbedingungen für Kommunikations- und Informationsmanagement; Schnittstellenklärung
- Darstellung der Projektorganisation
  Rollenklärung des Projektleiters, der Projektmitarbeiter, des internen Auftraggebers
- Listung und Klärung gültiger Grundlagen (Gesetze, Normen, unternehmensspezifische Regeln)
- Richtlinien für kaufmännische und rechtliche Entscheidungen des Projektleiters; Klärung von Pflichten mit weitreichenden rechtlichen Folgen (Unterlagenprüfpflichten, Abnahmepflichten, etc.) wie z.B. Verlust von Gewährleistung und Haftung, Claim Management
- Sicherstellung von Konfigurationsmanagement
- Grundlage des Projektzahlungsverkehrs (Akkreditiv bei internationalen Projekten, etc.)
- Schaffung eines Grundverständnisses „Roter Faden“ für die Aqkuisitionsphase und das gesamte Projekt der Auftragsabwicklung

Struktur, Gliederung und Inhalt

Für die Gliederung des Projektmanagementleitfadens gibt es unterschiedliche Ansätze. Für klare und einfache Handhabung bietet die Strukturierung entsprechend den Projektphasen die meisten Vorteile.

Der Projektmanagementleitfaden umfaßt idealerweise die Projektarbeit von der ersten klaren Projektidee bzw. Anfrage bis zum Projektabschluß. Für Auftragsabwicklungsprojekte bedeutet dies den Einbezug der Angebotsphase, die klare Regelung des Übergangs von Angebot auf Auftrag und die Einbindung der gesamten Auftragsabwicklung.

Folgende Gestaltungshinweise sind vorteilhaft:

- **Stufenweise Detaillierung:**

  Je nach Erfahrung des Angebotsverantwortlichen und des Projektleiters (Projektteam) sowie der Komplexität des Projekts gibt es im Leitfaden zwei Bereiche

  Bereich 1: grobe Beschreibung aller Schritte und dazugehöriger Methoden in Angebot und Projekt

  Bereich 2: Leerformulare für die Umsetzung der Erfordernisse aus dem Leitfaden samt Demonstrationsbeispielen

- **Einfach handhabbare Leerformulare**:

  Die wesentlichen Methoden und Checklisten sind als Leerformulare so aufbereitet, daß sie für jedes Projekt mit geringem Aufwand (händisch oder am PC) ausfüllbar sind.

  Der Aufbau entspricht der Phasenstruktur in Projekten, sodaß der Leitfaden, schon in der Angebotsphase mit ersten Daten gefüllt, dann während des Projektablaufs weiter ergänzt wird. Dadurch wird zuerst das Angebot und dann das Projekt bis zur Übernahme durchgehend begleitet.

- **Umgang mit Änderungen, Sicherung des gewonnen Wissens:**

  Die Verwendung des Leitfadens sichert die Dokumentation aller wesentlichen Arbeitsschritte und Vorkommnisse (Konfigurationsmanagement, Claim Management). Änderungen sind nachvollziehbar, Fremd-Claims können besser abgewehrt und Eigen-Claims besser durchgesetzt werden.

  Die gesammelten Erfahrungen werden für alle Anwender im Unternehmen zugängig. Notwendige Korrektur- und Vorbeugungsmaßnahmen werden dadurch systematischer eingeleitet.

4.4.6 Beispiele für Projektmanagementleitfaden

Tabelle 4.12 Inhaltsverzeichnis eines Projektmanagementleitfadens für ein Engineeringunternehmen (nach Projektphasen strukturiert)

1. Einleitung: Grundsätze Zweck, Geltungsbereich System und Vorgehen
2. Angebots- und Vertragsabwicklungsprozesse Erteilung Angebotsauftrag; Bestellung des Angebotsverantwortlichen Angebotserstellung / Angebots-Kurzbeschreibung Umfeld- und Risikoanalyse (grob) Gliederung des Angebots Detaillierte Aufgaben für die Angebotslegung, wichtige Termine für das Angebot Kalkulationsgrundlagen und -vorgehen Dokumentation der Auftragsverhandlungen, Angebotsprüfung Aufgabenverteilung und Informationsfluß Übergabegespräch (an Projektleiter der Abwicklungsphase)
3. Projektabwicklungsprozesse Projektstart, Bestellung Projektleiter, interner Projektauftrag Projektorganisation, Aufgabenverteilung, Funktionendiagramm Festlegung Kommunikations- und Ablagesystem Umfeld- und Risikoanalyse (detailliert) Claim-Vorsorge, Vertragsüberprüfung, Vertragszusammenfassung Objektstruktur (Lieferumfang) Bezugskonfiguration, Konfigurationsidentifizierung Aufgaben- und Terminplan für die Auftragsabwicklung (Projektstrukturplan – PSP, Terminplan als Balkenplan mit Meilensteinen, evtl. Netzplan) Qualitätsplanung Ressourcenplanung Beschaffung, Einkauf, Bestellungen Designprüfung (Auslegungs- und Konstruktionsprüfung) Termin- und Kostensteuerung

Qualitätssteuerung Änderungsmanagement Montage Prüfungen, Inbetriebnahme, Abnahme Verbesserungsmaßnahmen, Nacharbeit Projektabschluß (intern)
4. Nachprojektphase Restarbeiten Claim Verfolgung Folgeaufträge – Anbahnung
5. Mitgeltende Unterlagen
6. Anlagen (Leerformulare)

Tabelle 4.13 Grob-Inhaltsverzeichnis eines Projektmanagementleitfadens für ein Anlagenbauunternehmen (nach Funktionen und Inhalten strukturiert)

1. Einführung: Grundsätze Zweck, Ziel, Geltungsbereich Vorgehen
2. Projektorganisation, Projektleiter Grundsätze für den Projektleiter Organisatorische Einbindung des Projektleiters, Schnittstellen Informationswege und Administration
3. Planung Projektplanung Technische Planung Qualitätsplanung
4. Angebot Angebot lt. Eigenplanung Angebot lt. Ausschreibung Planungsangebot

5. Projektausführung (Fertigung und Montage) Ausführung bei Pauschalauftrag Ausführung bei Auftrag nach Aufwand Ausführung eines Planungsauftrages
6. Beschaffung Lieferantenauswahl, Lieferantenbewertung Beschaffungsabläufe
7. Claim Management, Risikomanagement Rechtliche Beziehung Auftraggeber-Konsulent-Auftragnehmer-Subauftragnehmer Rechtliche Grundsätze zum Angebot (mit Bindefrist/ohne Bindefrist, Angebotsänderungen, Unterschiede zwischen Angebot und Bestellung, Nachträge) Gültige Gesetze und Normen Planabweichungen (Termine, Leistungen, Qualität, etc.) und die Folgen (Konventionalstrafen, Absicherung Fremd-Claims, etc.) Hinweis- und Warnpflicht
8. Konfigurationsmanagement Abklärung und Sicherung der Bezugskonfiguration Änderungen und Zuständigkeiten Dokumentation
9. Prüfungen, Abnahme, Inbetriebnahme Prüfungen bei Sublieferanten Prüfungen während der Montage Abnahmeprüfungen
10. Abschluß der Auftragsabwicklung
11. Mitgeltende Unterlagen
12. Anlagen (Leerformulare)

Der Nachteil der Gliederung nach Funktionen liegt darin, daß die für eine Projektphase relevanten Inhalte auf mehrere Leitfadenabschnitte verteilt sind.

4.5 Total Quality Management (TQM) im Projektorientierten Unternehmen

Ziel eines zukunftsorientierten Unternehmens darf nicht nur die Erreichung eines Zertifikats lt. ISO 9001 sein. Die Investitionen, die zur Erreichung des Zertifikats notwendig sind, müssen als Baustein zur Verbesserung von Kultur und Organisation hin zu einer ganzheitlichen Qualitätsorientierung genutzt werden.

4.5.1 TQM und ISO 9000ff

Auch für Projektorientierte Unternehmen unterschiedlicher Ausprägung ist ein Qualitätsmangementsystem nach ISO 9001 ein Schritt auf dem Weg zu TQM.

Die Einführung von TQM bedeutet daher häufig die Weiterentwicklung des bestehenden QM-Systems bzw. die Ausrichtung eines neu zu entwickelnden QM-Systems auf die wesentlichen Grundprinzipien von TQM.

Im Vergleich von TQM zu einem QM-System nach ISO 9001 kann man vereinfachend folgende Aspekte herausarbeiten:

Tabelle 4.14 Unterschiede zwischen ISO 9001 und TQM

QM-System nach ISO 9000ff	TQM
Einfaches Qualitätsverständnis	Umfassendes Qualitätsverständnis
Transparente, systematische Absicherung und Dokumentation der bestehenden Organisation	Veränderung und Weiterentwicklung durch Innovation und ständige Verbesserung
Überprüfbarkeit und Nachvollziehbarkeit	konsequentes Prozeßdenken, durchgehende Kundenorientierung
	Kundennähe
	Mitarbeiter als die zentralen Ansatzpunkte des Managements
	Beachtung von Gesellschaft und Umwelt als wesentliche Elemente

4.5.2 TQM – Methoden und Instrumente

TQM ist kein revolutionäres Managementkonzept mit völlig neuen Elementen, sondern bedeutet den konsequenten Einsatz bekannter Strukturen, Strategien, Methoden und Werkzeugen auf der Basis der kontinuierlichen Weiterentwicklung.

Die Methoden und Instrumente, die unter Kapitel 3 den Phasen der Projektarbeit zugeordnet sind, decken die wesentlichen, üblicherweise im Rahmen von TQM genannten Ansätze ab.

TQM bedeutet nicht den möglichst umfassenden, sondern den möglichst zielgerichteten und effizienten Methodeneinsatz.

4.5.3 TQM – Preise

TQM orientiert sich immer an den Besten innerhalb der Branche wie auch branchenübergreifend. Aus diesem Grund wurden mehrere nationale und internationale Qualitätspreise geschaffen.

Alle Preise zu TQM versuchen, das Gedankengut von TQM modellhaft zu fassen und zu charakterisieren. Daraus entstehen vergleichbare Standards, die jedoch nicht als „TQM-Modell" bezeichnet werden sollten.

Die Vorbereitung auf die Teilnahme an einem Verfahren zur Erlangung eines derartigen Preises sowie der Preis als konkretes meßbares Ziel können große Motivation erzeugen.

Als wesentlichste Preise sind der Deming Preis in Japan, der National Malcolm Baldridge Award in den USA und der European Quality Award in Europa zu nennen.

Deming-Preis

Der Deming-Preis wurde 1950 zu Ehren von Deming geschaffen und ursprünglich auf den Schwerpunkt der statistischen Qualitätskontrolle ausgerichtet. Der Deming-Preis wird von der Japanischen Ingenieursvereinigung JUSE verliehen und beinhaltet mittlerweile, nach mehreren Veränderungen, folgende Bewertungsaspekte:

- Unternehmenspolitik
- Organisation und Management
- Ausbildung und Verbreitung
- Beschaffung, Verbreitung und Gebrauch von Information
- Analysen
- Standardisierung
- Regelung
- Qualitätssicherung
- Ergebnisse
- Planung für die Zukunft

Obwohl sich der Deming-Preis auf Japan konzentriert, bildet er den Vorläufer und das Vorbild für die weiteren bekannten und bedeutenden Preise.

Malcolm Baldrige National Quality Award (MBQA)

Der MBQA wurde 1987 vom Amerikanischen Kongreß als nationaler Qualitätspreis eingeführt. Der MBQA hat zum Ziel, TQM in der amerikanischen Industrie so zu verbreiten, daß ihre Wettbewerbsfähigkeit auf dem Weltmarkt gegeben ist bzw. weiter verbessert wird.

Der MBQA umfaßt folgende Bewertungsaspekte:

- Ständige Verbesserung auf allen Gebieten
- Genaue Messung von Verbesserungen
- Geschäftspläne, durch die die Unternehmensleitung gegenüber Weltklasseunternehmen gemessen wird
- Echte Partnerschaft zwischen Lieferanten und Kunden, Erzeugen ständiger Rückkopplung zur permanenten Verbesserung
- Profunde Verpflichtung, Kundenwünsche zu erkennen und zu erfüllen
- Verpflichtung, Fehler nicht nur zu beheben, sondern sie zu verhüten
- Qualitätsbasierende Führung, die in der Organisation alle Ebenen miteinbezieht.

Das Schema des MBQA bezieht sich auf sieben Kategorien, die in einem Schema verankert und über prozentuelle Gewichtung zueinander in Bezug gesetzt werden.

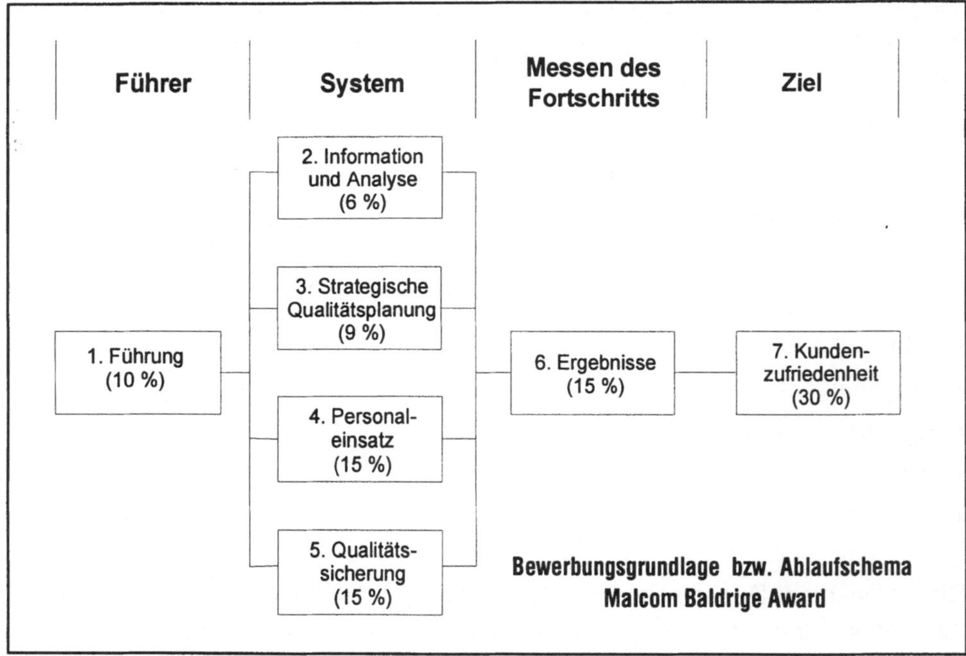

Bild 4-7 Modell des Malcolm Baldrige National Quality Award (MBQA)

In mehreren Studien wurde belegt, daß der MBQA einen sehr guten Rahmen für TQM abgibt.

4.5.4 The European Quality Award (TEQA), nationale Qualitätspreise

Der TEQA wird von der European Foundation for Quality Management (EFQM) mit Unterstützung der Europäischen Union und der European Organisation for Quality (EOQ) verwaltet. Das Ziel des Preises ist die Würdigung und Auszeichnung der Leistungen von Unternehmen, die sich besonders für die Förderung der Qualität engagieren.

Das Grundprinzip des TEQA folgt dem umfassenden TQM-Ziel.

Erzielung besserer Ergebnisse durch Ausrichtung aller Mitarbeiter auf die fortlaufende Verbesserung ihrer Prozesse zum Nutzen der Kunden.

Mitlerweile gibt es mehrere nationale TQM-Preise, die in der Bewertungsgrundlage und im Bewertungsverfahren sehr ähnlich dem TEQA sind.

Auf den TEQA sowie auf die speziellen Rahmenbedingungen für kleine und mittlere Unternehmen (KMU, englisch: Small and Medium Enterprises SME) sei aufgrund der Relevanz für europäische Unternehmen im folgenden näher eingegangen.

4.5.4.1 Bewertungsgrundlage und Rahmenbedingungen

Die Grundlage der Bewertung bildet das europäische TQM-Modell. Bewertung und Punktevergabe erfolgen anhand einer Skala von 1000 möglichen Punkten.

Die Bewertungskategorien sind an jene des MBQA angelehnt, erscheinen jedoch umfassender und in der Gewichtung besser abgerundet zu sein.

Die grobe Unterteilung in Befähiger-Kriterien und Ergebnis-Kriterien gehen auf die Frage zurück: „Wie erreicht ein Unternehmen was?".

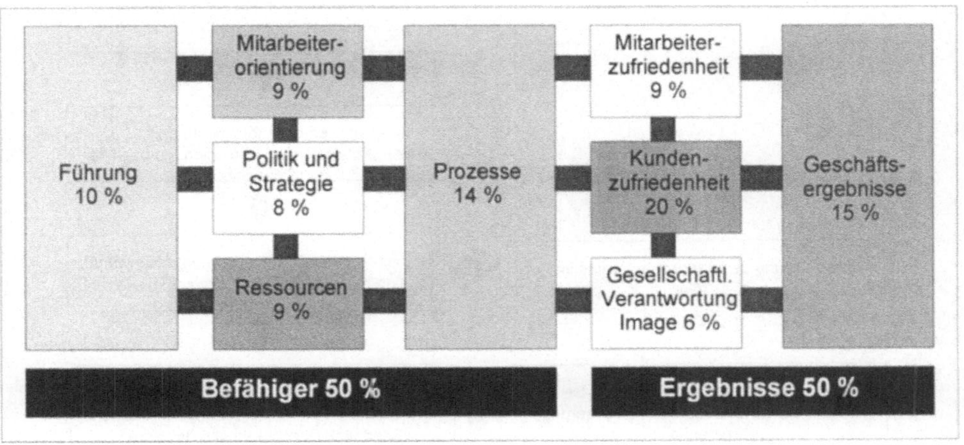

Bild 4-8 Das Europäische TQM-Modell (TEQA)

Die neun Kriterien des Bewertungsmodells bilden gleichzeitig das Inhaltsverzeichnis der Bewertungsunterlage, die der Bewerber selbst erstellt und zur Bewertung durch Assessoren vorlegt.

Zu den Kriterien gibt es detaillierte Unterpunkte (Teilkriterien), Fragen und Hinweise zu möglichen Inhalten und deren Darstellung. Diese Unterpunkte sind in den Bewerbungsunterlagen der Preis-Trägerorganisationen detailliert enthalten.

4.5.4.2 Bewerbungsverfahren

Die Bewerbung um den Preis erfolgt nach einem definierten Bewerbungsverfahren. Unternehmen, die ein bestimmtes Bündel an Voraussetzungen erfüllen (beim TEQA – europaweites Engagement, Größe, Eigenständigkeit und Unabhängigkeit) können an der Bewerbung um den Preis teilnehmen. Behörden, Verbände und ähnliche Organisationen sind ausgeschlossen.

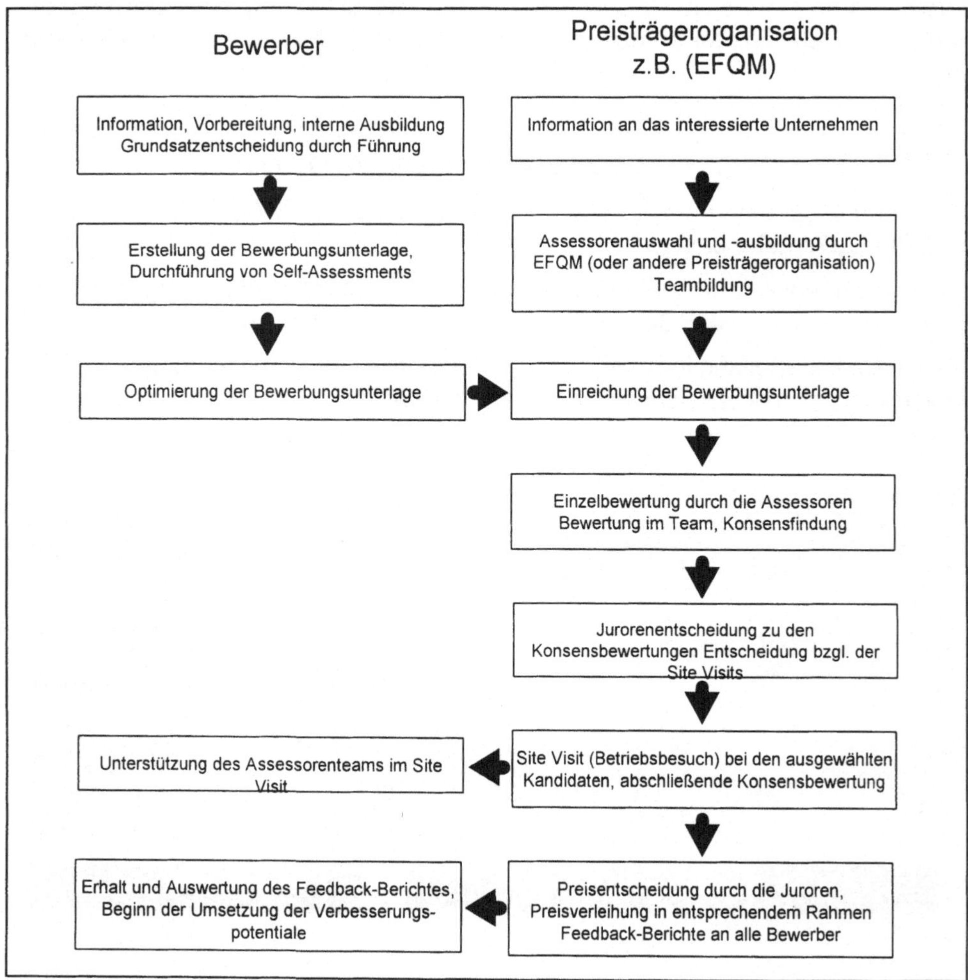

Bild 4-9 Prozeß der Bewerbung und Preisvergabe

Der wesentliche Nutzen, den Unternehmen aus der Preisbewerbung ziehen können, liegt in der Möglichkeit des Vergleichs (Benchmarking), in der quantitativen Aussage zum Grad der TQM-Realisierung und in den Verbesserungspotentialen, die im Rahmen des Feedback-Reports durch die Assessoren genannt werden bzw. im Site Visit diskutiert werden.

Jedoch unabhängig von der Teilnahme am Bewerb oder der erreichten Punktezahl sind Bewerbungen mit dazu notwendigen Selbstbewertungsprozessen sinnvolle Projekte, um TQM als Kultur in einem Unternehmen zu verankern.

Erstellung der Bewerbungsunterlage

Die Bewerbungsunterlage wird idealerweise in der Verantwortung einer Stelle (z.B. Qualitätsmangement) durch unternehmensweit organisierte Arbeitsgruppen erstellt.

Klar formulierte Sätze und das Eingehen auf die Details der Teilkriterien erleichtern dem Assessor das Nachvollziehen der wesentlichen Punkte.

Langfristige Trends, die Überprüfung der Effektivität und deren Entwicklung müssen dargestellt werden! – Geschäftsergebnisse müssen sich verbessern. Falls konkrete Zahlen erkennbar sind, sollten diese genau angegeben werden.

Um in der Erstellung einen interessanten Wechsel zwischen Methoden und Resultaten zu erreichen kann in der Bearbeitung der Kriterien folgendes Springen zwischen Befähiger- und Ergebniskriterien durchgeführt werden.

Folge durch die Kriterien:

2 - Politik und Strategie ⇨ 6 - Kundenzufriedenheit ⇨
5 - Prozesse ⇨ 9 - Geschäftsergebnisse ⇨
4 - Ressourcen ⇨ 3 Mitarbeiterorientierung ⇨ 7 - Mitarbeiterzufriedenheit ⇨
8 - Gesellschaftliche Verantwortung / Image ⇨ 1 - Führung

Falls möglich, sollten Daten, Trends, Entwicklungen und Vergleiche in Form von Grafiken aufbereitet werden. Durch Anordnung der Grafik links am Blatt und Erklärung in Textform rechts, wird das Lesen der Bewerbungsunterlage erleichtert.

Ein lesefreundliches Handbuch beinhaltet weiters eine Matrix, in der die Schlüsselprozesse und die zugehörigen Indikatoren aufgelistet sind. Damit können durch die Assessoren die notwendigen Zuordnungen getroffen werden.

Zusammenhänge zwischen Schlüsselprozessen und Abläufen, die bereits im Rahmen eines möglicherweise vorhanden ISO 9001-Systems bestehen, sollten aufgezeigt werden. Falls ein prozeßorientiertes QM-System (vgl. Seite 164, Kapitel 4.4.3, Prozeßorientiertes QM-System im Projektorientierten Unternehmen) vorliegt, sind die Schlüsselprozesse gleichzeitig Basis des QM-Systems.

Bewertungsansatz und Bewertung

Die Bewertung des Unternehmens anhand der erstellten Bewertungsunterlage erfolgt im Rahmen des definierten Assessment-Prozesses durch Dritte.

Basis der gesamten Bewertung ist folgender Regelkreis:

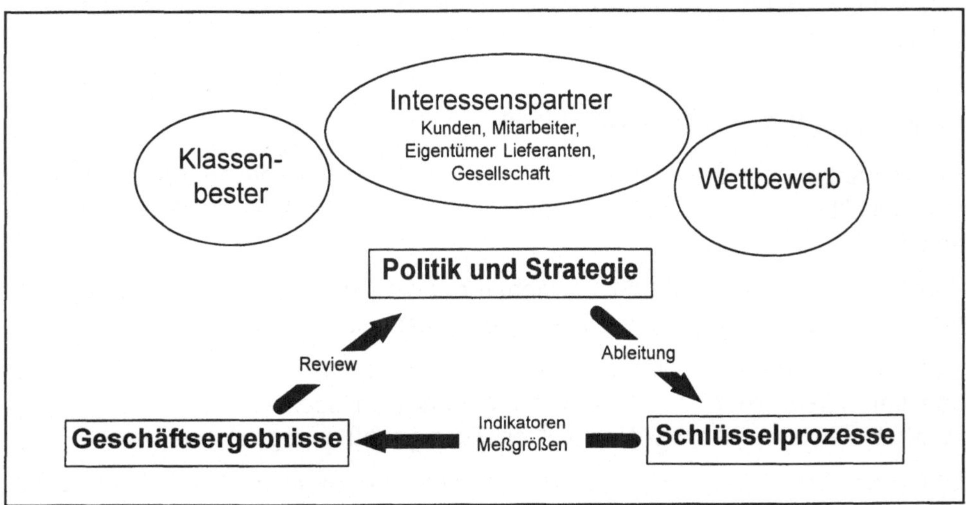

Bild 4-10 Regelkreis im Bewertungsansatz

Für die Bewertung im Rahmen des Assessments gibt es in den Bewerbungsunterlagen enthaltene Tabellen.

- Tabelle 1 – Befähiger – Bewertung nach Vorgehen und Umsetzung
- Tabelle 2 – Ergebnisse – Bewertung nach Ergebnisgüte und -umfang

Im Rahmen der Teilkriterien werden zur Bewertung folgende Fragen gestellt.

<u>Befähigerkriterien</u>

Vorgehen: Inwieweit Ihr **Vorgehen** von überragender Qualität ist;

Das Vorgehen ist in Zusammenhang mit den Methoden zu sehen, die das Unternehmen anwendet, um die Teilkriterien umzusetzen. Die Bewertung berücksichtigt:

- Angemessenheit eingesetzer Methoden, Werkzeuge, Techniken
- Ausmaß und Grad, in dem das Vorgehen systematisch und vorbeugend ausgelegt ist
- Einsatz von Überprüfungszyklen
- Umsetzung von Verbesserungsmaßnahmen
- Grad der Integration in normale Abläufe (Routinetätigkeiten)

Umsetzung: Inwieweit Ihr Vorgehen **umgesetzt** wird;

Die Umsetzung ist im Zusammenhang mit jenem Ausmaß zu sehen, in dem das Vorgehen im Verhältnis zu seinem vollen Potential umgesetzt wurde. Die Bewertung berücksichtigt, wie angemessen und effektiv die Umsetzung des Vorgehens ist:

- Vertikal durch alle Hierarchieebenen
- Horizontal durch alle relevanten Bereiche und Aktivitäten
- Bei allen relevanten Prozessen (Projekten)
- Bei allen relevanten Produkten, Dienstleistungen

Ergebniskriterien

Güte, Qualität der Ergebnisse: Die Qualität der Ergebnisse wird folgendermaßen beurteilt:

- Vorhandensein positiver Trends (über mehrere Jahre)
- Hinweise und Anzeichen, daß negative Trends verstanden und bearbeitet werden
- Vergleiche mit den eigenen Zielsetzungen
- Vergleiche mit anderen Organisationen (extern) und Klassenbesten (Benchmarking)
- Fähigkeit, eine vorhandene Leistungsfähigkeit aufrecht zu erhalten

Umfang der Ergebnisse: Die Bewertung des Umfangs der Ergebnisse wird wie folgt berücksichtigt

- Grad, mit welchem die Ergebnisse alle relevanten Bereiche des Unternehmens abdecken (Reichweite)
- Ausmaß, zu welchem der volle Umfang der Ergebnisse – relevant zum Kriterium – aufgezeigt wird
- Ausmaß, in dem die Bedeutung der aufgezeigten Ergebnisse verstanden wird

Selbstbewertung

Der Erstellung der Bewerbungsunterlagen folgt als erstes Kernstück des gesamten Preisbewerbungsverfahrens die Selbstbewertung im Rahmen eines Self-Assessment-Prozesses.

Die Selbstbewertung ist unabhängig von der Preisbewerbung als Schlüsselprozeß und Triebfeder für Verbesserungen im Unternehmen zu sehen. Als Zusatznutzen wird dabei das Ergebnis der Selbstbewertung als Voraussetzung und Grundlage für die Bewerbung um den Preis gesehen. Für die konkrete Umsetzung des Selbsbewertungsprozesses gibt es mehrere Vorgehensmodelle, die in den Unterlagen der EFQM detailliert beschrieben sind.

Selbstbewertung

- über eine Preisbewerbungs-Simulation
- durch Standardformulare
- mittels Matrixdiagramme
- durch Workshops
- durch Einbezug von Kollegen
- durch Fragebögen

Unabhängig vom methodischen Zugang ist als Ergebnis von Erstellungsprozeß und Selbstbewertungsprozeß die Bewerbungsunterlage (TEQA – max. 75 Seiten, TEQA/SME – max. 35 Seiten) einzureichen. Die neun Hauptkriterien und die daraus abgeleiteten Teilkriterien werden darin berücksichtigt.

Site-Visit (Betriebsbesuch)

In einem Site Visit, der nach Juryentscheidung durchgeführt wird, werden die Aussagen aus der Bewerbungsunterlage hinterfragt und alle unklaren Aspekte der Bewerbung geklärt. Neue zusätzliche Information, die in der Zeit zwischen Erstellung der Bewerbungsunterlage und der Druchführung des Site-Visits erarbeitet wurde, wird nach vereinbarten Richtlinien berücksichtigt.

Das Site Visit dauert je nach Unterehmensgröße durchschnittlich zwei Tage.

Vorgehen im Site-Visit

- Planung des Besuchs

  Erstellung der Frageliste durch die Assessoren (erfolgt im Rahmen des Konsens-Meetings der Assessoren)

  Besuchsabstimmung des Senior Assessors mit dem Ansprechpartner in der Organisation

- Durchführung des Besuchs
  - Eröffnungsgespräch und Vorstellung (Senior-Assessor)
  - Durchführung lt. Planung – den Assessoren ist der Kontakt zu allen Mitarbeitern gestattet. Dementsprechend sollten die Mitarbeiter vorbereitet sein
  - Assessorenteams zu jeweils zwei Personen führen simultan Interviews, bei mehreren Standorten teilen sich die Assessoren auf
  - Einzel- und Gruppendiskussionen (primär auf Gesprächsbasis, nicht unbedingt dokumentierte Nachweise)
  - Abstimmung der Assessoren im Anschluß an die Gespräche

- Nachweise ergebnisorientiert überprüft, Schlüsselpersonen können präsentieren
- Weiterentwicklung von Indikatoren und neue Informationen werden lt. Vereinbarung aufgenommen
- Zusammenfassung des Site-Visits durch das Assessorenteam – Bericht zu Site Visit

Feedback-Report

Den Feedback-Report aus dem Bewertungskonsens der Assessoren und einem erfolgten Site Visit erhält jeder Bewerber.

<u>Inhalt des Feeback-Reports</u>

- Beschreibung des Bewertungsprozesses
- Kurzer, allgemeiner Eindruck der Bewertung (1-2 Seiten)
- Für jedes Teilkriterium
    - Stärken
    - Verbesserungspotentiale

    In einem durchschnittlichen Feedback-Report sind ca. 100 bis 250 Ansatzpunkte (Stärken und Verbesserungsvorschläge) enthalten. Speziell in den Verbesserungspunkten liegt ein großes äußerst wertvolles Potential für jedes teilnehmende Unternehmen.
- Bandbreite der Gesamtpunkte der Bewerbung

  Der Weltmaßstab – world class quality – fängt bei beiden Preisen bei etwa 600 Punkten an.
- Bandbreite der vergebenen Prozentpunkte für jedes Kriterium

5 Einführungsprojekte ISO 9001 und TQM

Die Gestaltung und das Management des Organisationsentwicklungs- und Einführungsprojektes für unterschiedliche Ebenen von Qualitätsmangement ist der zentrale Erfolgsfaktor der sich in Akzeptanz, Weiterentwicklung und langfristiger Verbesserung des Systems manifestiert.

In einem Einführungsprogramm werden mehrere abgestufte, aufeinander aufbauende Einzelprojekte abgegrenzt. Dadurch ergeben sich immer wieder Entscheidungspunkte (Meilensteine), um Bewertungs- und Entscheidungsmöglichkeiten herzustellen und das Risiko zu reduzieren.

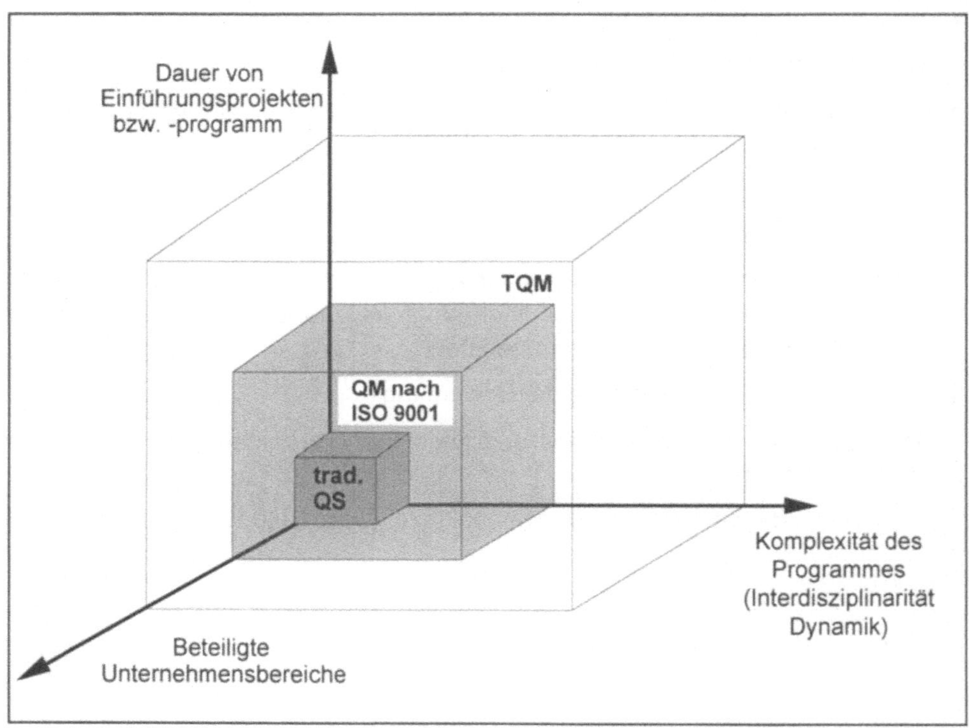

Bild 5-1 Unterschiedliche Stufen in der Entwicklung bis zu TQM

Neben den konkreten Ergebniszielen der Einführungsprojekte, die mit klaren kritischen Erfolgsfaktoren belegt sind, sind meist auch weniger konkret formulierte, aber trotzdem vorhandene Erwartungen in den Prozeßzielen zu berücksichtigen.

Um diesem komplexen Zielbündel nachzukommen, ist neben inhaltlichem Wissen (QM-Systeme, Norm, Qualitäts-Werkzeuge, Informationstechnologie etc.) ebenso Prozeßwissen (Organisationsentwicklung) notwendig.

Einzelprojekte werden abgeschlossen, das Gesamtprogramm TQM ist jedoch nie zu Ende und wird, zyklisch wiederkehrend, immer wieder intensive Phasen der Verbesserung und Anpassung mit sich bringen.

5.1.1 Stufenkonzept zur Einführung von Qualitätsmangement

Je nach Ausgangspunkt, Ausprägung der Qualitätsorientierung und Ist-Situation muß jedes Unternehmen den Umfang für die Einführung von Qualitätsmangement und die daraus resultierenden der Einzelprojekte abschätzen (vgl. Seite 124, Kapitel 4.2.4, Status qualitätsorientierter Unternehmen).

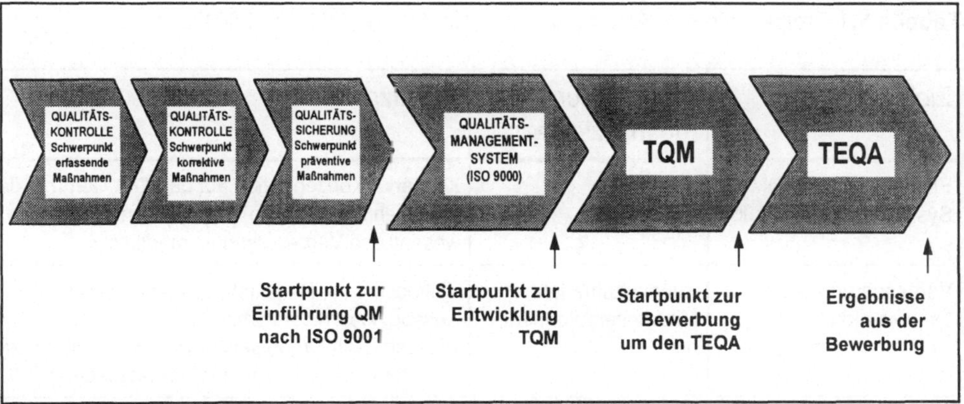

Bild 5-2 Teilprojekte im Rahmen der Implementierung von TQM

Aufbau und Einführung von Qualitätsmangement im Projektorientierten Unternehmen erfolgt wie auch in anderen Unternehmen idealerweise in Projektform.

Bestandteile der Einführungsprojekte:

- Projektabgrenzung, Projektdefinition, Projektziele
- Projektstrukturpläne, Projektbeschreibung, Projektbudget, kritische Erfolgsfaktoren
- Projektablaufpläne, Meilensteine
- Organisationsstruktur
- Projektsteuerung, Projektabschluß

5.1.2 Projekt – Einführung eines QM-Systems nach ISO 9001

Projektabgrenzung und Projektdefinition

Ausgangssituation und Problemstellung

Als Ausgangssituation gibt es meist den pauschalen Wunsch nach „mehr Qualität", ohne diese Beschreibung quantifizieren zu können, das Erkennen der Bedeutung des Aspektes Qualität oder häufig den Marktdruck in Richtung Zertifizierung.

Daraus resultiert für den Beginn des Projektes „Qualitätsmanagement-ISO 9001" meist Unsicherheit bezüglich des zeitlichen Umfanges, des Aufwandes und der konkreten Ziele. Die Zielkonkretisierung ist für die nachfolgende Projektarbeit aber besonders wichtig.

Tabelle 5.1 Projektziele und Ansatzpunkte – „Einführung QM ISO 9001"

Ziel	Meßkriterium (quantifizierbar)	Ansatzpunkt
Einführung eines QM-Systems nach ISO 9001	Zertifikat	Zu starke Konzentration auf das Zertifikat (bei der Unternehmensführung) verstellt den Blick für wesentliche Verbesserungspotentiale
Verbesserung der Organisation	Kundenzufriedenheit, Mitarbeiterzufriedenheit	Vielfach ist vor Projektstart Datenmaterial mit Aussagekraft nicht vorhanden; Wunsch nach Organisationsverbesserung kommt in erster Linie nicht von der Führungsebene
Reduktion der Kosten	Höhe der Qualitätskosten	Qualitätskosten sind begrifflich und inhaltlich vielfach nicht bekannt und damit auch nicht greifbar
Schaffung einer Basis für die Weiterentwicklung zu TQM	Prozeß- Kunden- und Mitarbeiterorientierung des Systems	Für die Zertifizierung nicht notwendig (kein direkter Marktdruck), erst mittelfristig, nach zunehmender Akzeptanz als Erfolg spürbar

Umfeldanalyse – Stärken/Schwächen-Analyse

Im Rahmen der Projektstartsitzung sind die wichtigsten Umfeldgruppen zu listen sowie mittels einer Umfeldanalyse Erwartungen und Befürchtungen zu erheben und zu bewerten.

Weiters kann während der Projektstartsitzung bereits zu den zentralen Prozessen des Unternehmens ein Stärken/Schwächen-Profil erarbeitet werden.

Die Bildung von Kern- und Subteams und die weiteren Schritte im Projektablauf sind auf die Ergebnisse der Umfeldanalyse, die erkannten Stärken/Schwächen und die zentralen Wertschöpfungsprozesse abzustimmen.

Projektbeschreibung

Die Einführung ISO 9001 wird als Teilprojekt eines umfassenden Programms der Implementierung von TQM angesehen.

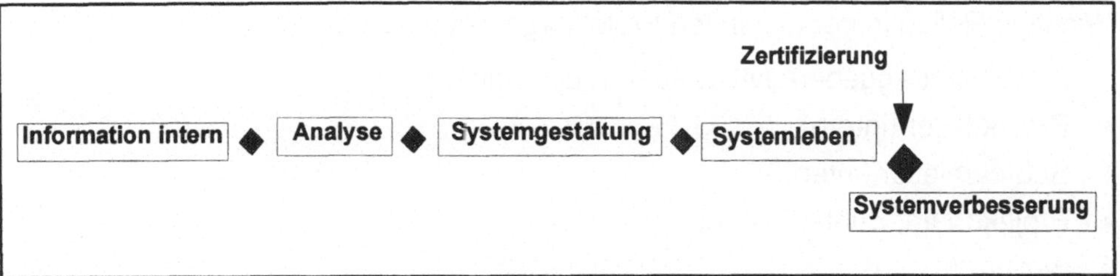

Bild 5-3 Hauptphasen des Einführungsprojektes ISO 9001

Kritische Erfolgsfaktoren

Die kritischen Erfolgsfaktoren liegen im Erreichen des Zertifikats sowie in der Akzeptanz durch die Mitarbeiter. Dies kann nur erreicht werden, wenn das System flexibel und an die Spezifika der Projektarbeit angepaßt ist.

Projektbudget

Das Projektbudget ist problemspezifisch zu kalkulieren. Die internen Kosten betragen bei Bewertung aller internen Aufwände ungefähr das Zehnfache der externen Beratungskosten. Die Kosten des Zertifizierers belaufen sich in Abhängigkeit der Unternehmensgröße (Anzahl der Auditoren, Anzahl der Tage) und der Inanspruchnahme eines Voraudits auf ca. 150.000,– bis 200.000 ATS.

Meilensteine

In der Projektdefinition sind Start- und Endtermin sowie Meilensteine festzulegen und mit konkreten Ereignissen zu belegen.

- Start – Startworkshop
- Abschluß der Ist-Analyse – Bericht an die Geschäftsleitung
- Abschluß des Soll-Konzepts – Bericht an die Geschäftsleitung, Freigabe liegt vor
- Abschluß der Dokumentation – Handbuch und Verfahrensanweisungen liegen vor
- Voraudit – Bericht des Zertifizierers
- Zertifizierungsaudit – Zertifikat
- Ende – Abschlußworkshop, weitere Vorgehenssweise ist entschieden

Projektorganisation

Die Projektorganisation für das Einführungsprojekt ist zu definieren und vorzustellen. Derartige Projekte dürfen nicht „nebenbei passieren". Damit kann auch die entsprechende Projektkultur dargelegt werden.

Wichtige Rollen in der gesamten Projektorganisation sind:

- Projektauftraggeber/ evtl. Steuergruppe (intern)
- Projektleiter (intern)
- Subteamleiter (intern)
- Projektteam, Subteams (intern)
- Berater (extern)
- Zertifizierer (extern)

Kompetenz und Aufgaben von Projektleiter und Subteamleiter sind klarzulegen und die Entscheidungsbereitschaft des Projektauftraggebers in den Entscheidungspunkten sicherzustellen. Die Subteams werden unternehmensspezifisch gebildet, um so möglichst effizient die wesentlichen Prozesse im Projektorientierten Unternehmen zu erarbeiten.

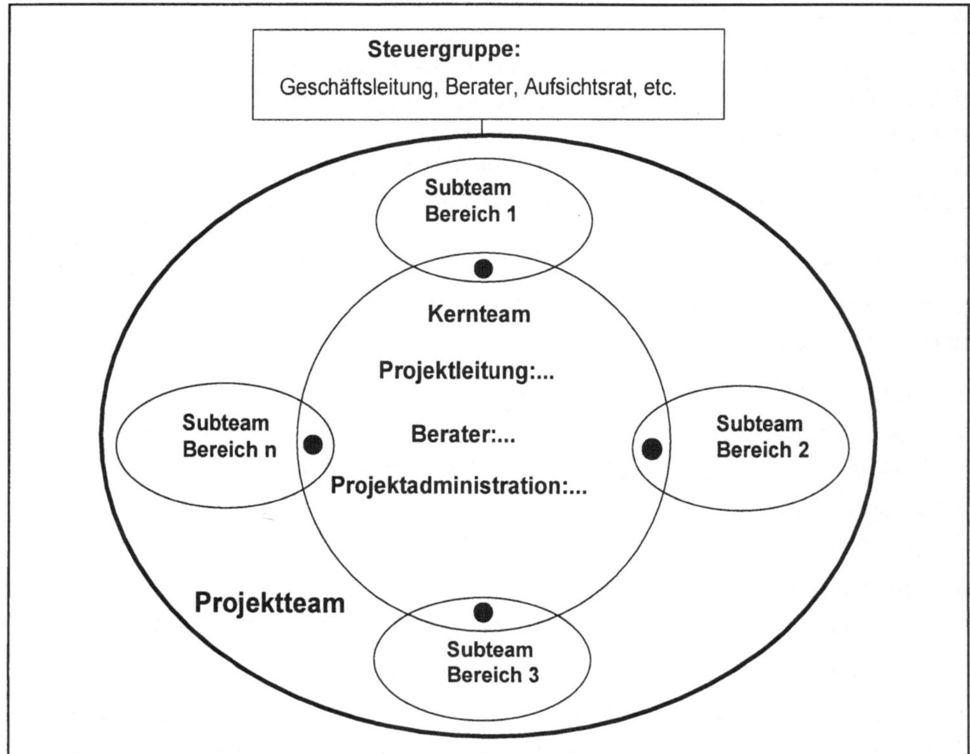

Bild 5-4 Projektorganigramm für das Projekt „Einführung QM ISO 9001"

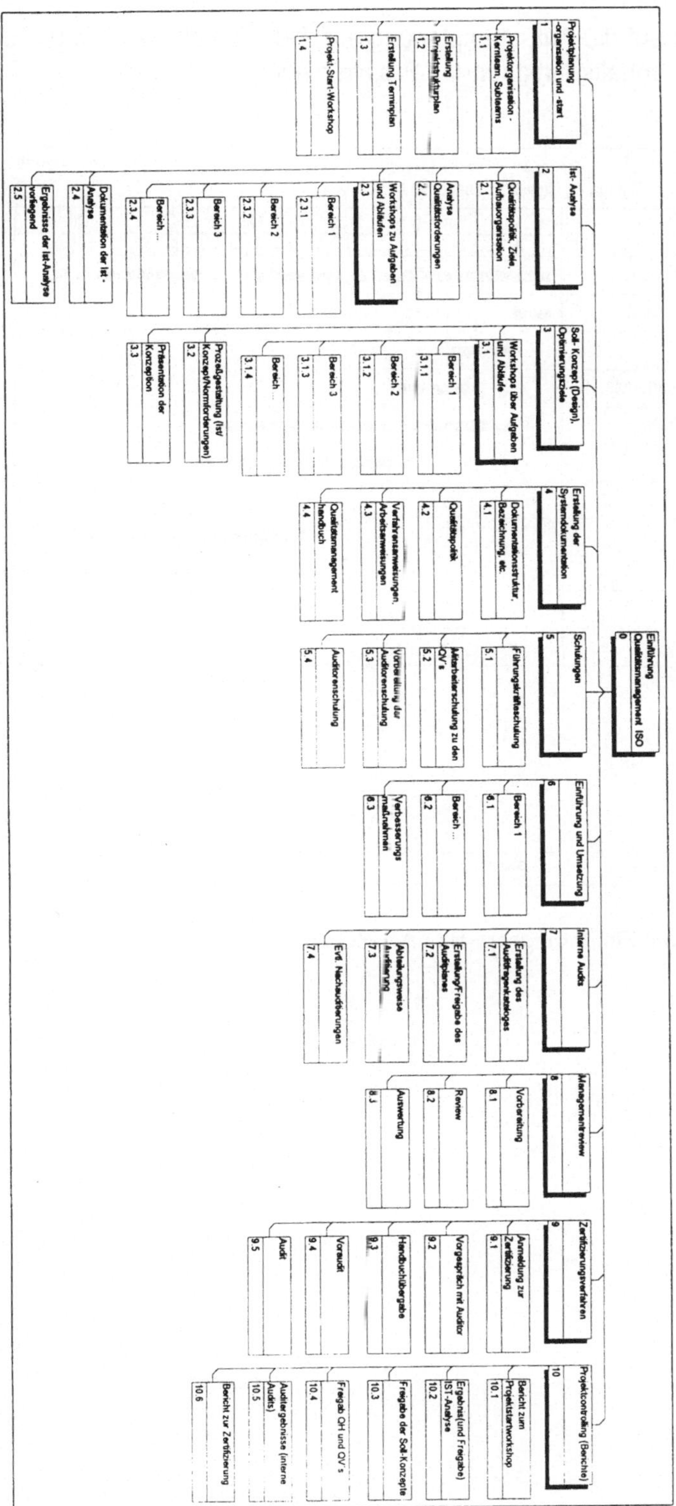

Bild 5-5 Projektstrukturplan zum Einführungsprojekt QM, ISO 9001

Projektplanung

Die Projektplanung erfolgt hinsichtlich Aufgaben, Terminen, Ressourcen und Kosten. Die Aufgabenplanung mittels Projektstrukturplan stellt die Basis für die weiteren Pläne dar. (vgl. Projektstrukturplan, Balkenplan – grob, detailliert)

Die Terminplanung setzt auf die Aufgabenplanung auf. Der Zeitrahmen von 9 - 18 Monaten kann als erster Anhaltspunkt für das Projekt dienen.

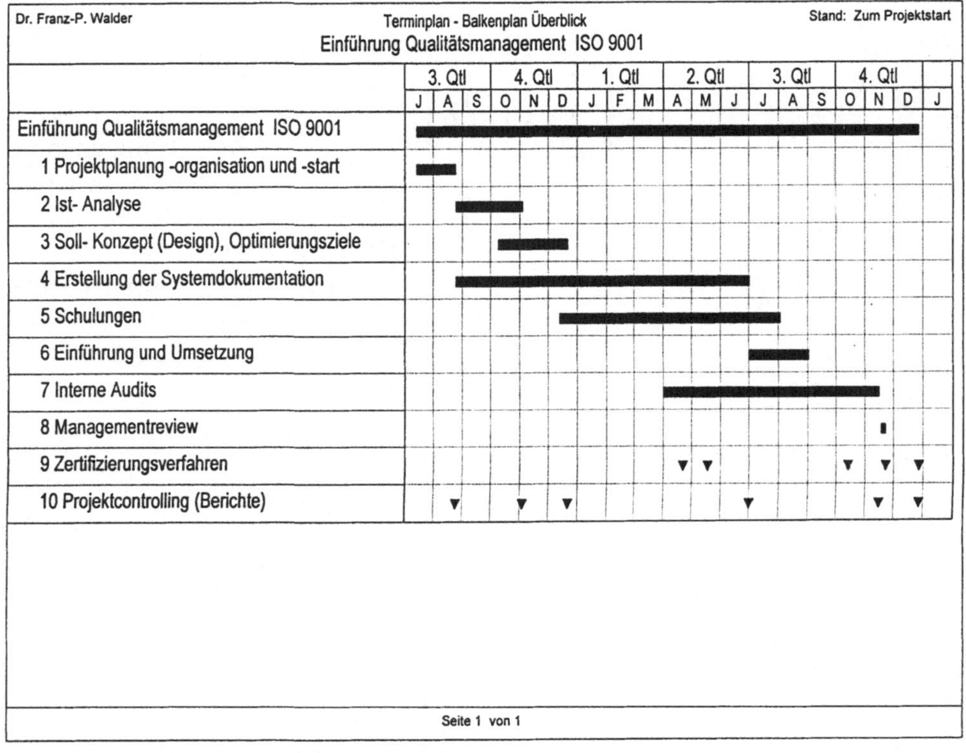

Bild 5-6 Grobterminplan zum Einführungsprojekt QM, ISO 9001

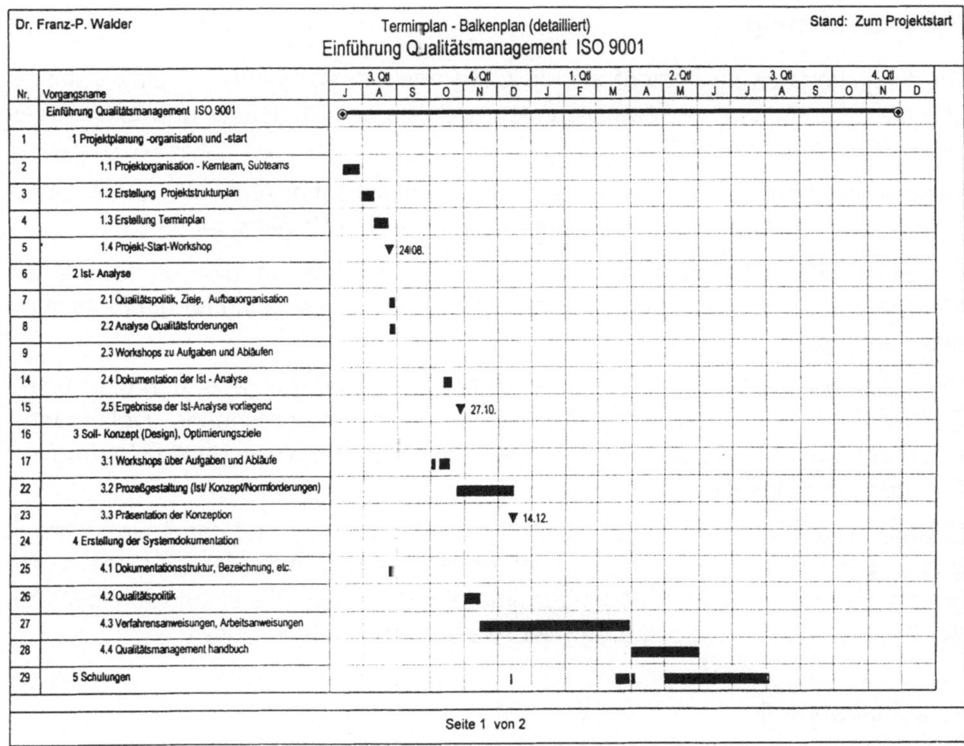

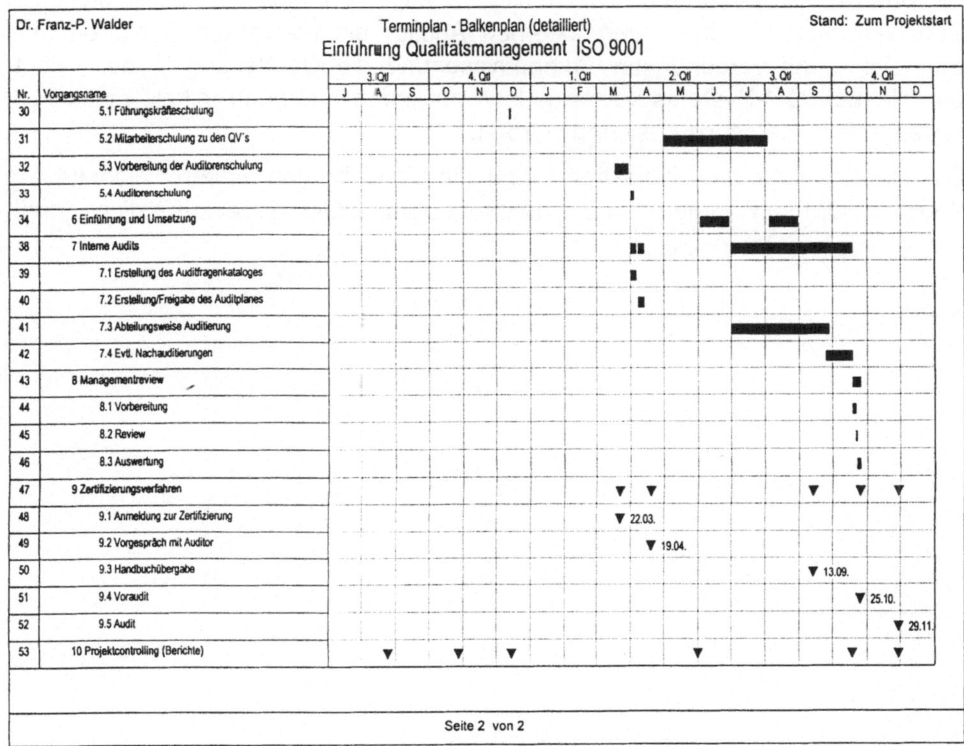

Bild 5-7 Detailterminplan zum Einführungsprojekt QM, ISO 9001

Projektsteuerung

Die Projektsteuerung bezieht sich in QM-Projekten vor allem auf eine entsprechende Beachtung des Teambildungsprozesses der Subteams und ein straffes Workshopmanagement.

Detailliertes Normen-Know-how stellt, entgegen vielfacher Annahme, in der Startphase des Projektes nicht die Hauptforderung an den Projektleiter dar.

Die Schaffung von Akzeptanz und Bereitschaft zur Mitarbeit bei den betroffenen Mitarbeitern steht im Vordergrund und bildet die Voraussetzung für die Einhaltung des Terminplans.

Projektcontrolling-Maßnahmen haben insbesondere die Aufgabe, den über lange Zeit nicht direkt sichtbaren Projektfortschritt mittels entsprechender Dokumentation und Visualisierung darzustellen. Sie leisten damit einen wertvollen Beitrag zur Erhaltung der Motivation.

Dadurch wird auch laufend der Bezug zur Projektplanung und damit ein frühzeitiges Gegensteuern im Abweichungsfall sichergestellt. Die Forderung für laufende Berichte an den Projektauftraggeber (intern) bilden ebenfalls einen wichtigen Teil der Kommunikation zur Sicherung der Akzeptanz für das Projekt.

Projektabschluß

Für das Projekt „Einführung von Qualitätsmanagement nach ISO 9001“ stellt das Zertifizierungsaudit durch den externen Auditor ein markantes Schlußereignis dar. Die damit verbundenen Erkenntnisse und die Überleitung in den „Echtbetrieb“ des QM-Systems sollten jedoch auf jeden Fall noch mittels eines Projektabschlußworkshops gesichert werden.

Die Reflexion für das Projektteam und die Vereinbarung weiterer Schritte am Weg zu TQM im Rahmen des Gesamtprogramms bilden dabei zusätzliche Inhalte.

5.1.3 Gesamtprogramm: „Entwicklung von TQM“

Die Entwicklung von TQM muß integrierend und zeitgleich mehrere Ansatzpunkte umfassen, nämlich Organisation, Planung, Personalführung, Informationsmanagement und die Werkzeugbeherrschung.

Zieldimensionen sind:

- Bewußtseinswandel
- Strukturwandel
- Führungswandel

Folgende Punkte gelten für die Einführung von TQM:

- Ein langfristiges (mehrjähriges) und komplexes (alle Ebenen und Aspekte umfassendes) Programm
- Forderung nach klar definierter, kommunizierter Unternehmensphilosophie (Vision, Mission, Leitsätze)
- Beteiligung und Verpflichtung aller Managementebenen
- Investitionen in Ausbildung, Schulung, Persönlichkeitsentwicklung auf allen Mitarbeiterebenen
- Horizontale Organisationsformen als Basis für abteilungs- bzw. fachübergreifende Teamarbeit
- Empowerment der Mitarbeiter: selbststeuernd, motiviert, am gemeinsamen Ziel orientiert
- Führungsverständnis: Coach, Mentor und Trainer
- Bereitschaft zur Änderung betreffend Ziele, Maßnahmen, Aktivitäten, Methoden
- Ausdauer

Die Einführung von TQM baut auf einem Paradigmenwechsel im Unternehmen auf.

Kostendenken	⇨	Qualitätsdenken
Kurzfristiges Profitdenken	⇨	Langfristiges Wachstumsdenken
Ergebnismanipulation	⇨	Prozeßgestaltung
Konkurrenz	⇨	Kooperation

Dieser Paradigmenwechsel läßt sich konkreter in Verhaltensänderungen der Führungskräfte darstellen.

Tabelle 5.2 Verhaltensänderung der Führungskräfte

Mitarbeiter als Kostenfaktor	⇨	Mitarbeiter als wertvollster Aktivposten des Unternehmens
Schuld zuweisen	⇨	Gemeinsame Suche nach Fehlerursachen
Fehler dulden	⇨	Fehler verhüten
Anweisungen und Zielvorgaben als Führungsinstrument	⇨	Einbeziehen der Mitarbeiter bei der Zielfestlegung Coaching
Verbesserungsaktivitäten bremsen	⇨	Verbesserungsaktivitäten fördern
Bereichsoptimierung (Kostenstellen)	⇨	Prozeßoptimierung, Projektoptimierung
Informelle, zufällige Kommunikation	⇨	Ständige, strukturiert unterstützte Kommunikation (Informationssystem)
Qualtitätsmanagement ist die Aufgabe einer Abteilung bzw. unbedankte Zusatzarbeit	⇨	TQM ist Teil der täglichen Arbeit für alle und überall

Zur Umsetzung der angesprochenen Verhaltensänderungen im Sinne obigen Paradigmenwechsels im Unternehmen kann folgendes Vorgehen eingeschlagen werden.

Vorgehen bei der TQM-Einführung

Wesentlich für den Erfolg eines Programmes, das die Einführung der TQM-Unternehmensphilosophie zum Inhalt hat, ist das Vorsehen der erforderlichen Zeit und ein systematischer, strukturierter Ablauf mit erreichbaren Teilzielen.

Wird nämlich der Einführung nicht entsprechend Raum und Zeit gegeben, so sind die getätigten Aufwendungen ohne Nutzen und ziehen große Motivationsverluste für die nächsten Jahre nach sich.

Folgende Projekte können bzw. sollten in einem Programm „TQM-Einführung" vorgesehen werden, wobei diese jeweils parallel, überlappend oder sequentiell angeordnet das gewünschte Gesamtergebnis erst gemeinsam erbringen.

Tabelle 5.3 Zusammenstellung wesentlicher TQM-Einzelprojekte

Einzelprojekte	**Ziele, Inhalt**
1. Projekt Unternehmensphilosophie	Von allen im Unternehmen gemeinsam entwickelte und getragene Unternehmensstrategie, die auf langfristig gültigen Unternehmensleitlinien aufbaut und über eine Zukunftsvision (Szenario) und eine darin eingepaßte Unternehmens-Mission (Unternehmensziele) abgeleitet wird. Übergang vom Quick fix zu einer konsistenten langfristig gültigen kommunizierten Unternehmensorientierung.
2. Projekt Mitarbeiterentwicklung	Konzeption, Planung und Umsetzung eines den Unternehmenszielen entsprechenden Mitarbeiter-Ausbildungskonzeptes einschließlich der Aspekte von Persönlichkeitsentwicklung. Dies geschieht im Sinne der Werthaltung, daß Mitarbeiter und deren Wissen und Fähigkeiten sowie Motivation letztlich das wichtigste Unternehmenspotential darstellen. Übergang von Einschulung in Einzeltätigkeiten zu einer integralen Mitarbeiterausbildung mit dem Ziel der Förderung konstruktiv-kritischer, selbststeuerungsfähiger Partner.
3. Projekt Benchmarking	Auswahl eines optimalen Mix von unternehmensinternen, brancheninternen wie auch gesamtwirtschaftlich vergleichbaren Mitbewerbern zu entsprechenden Analysen und quantitativen Vergleichen mittels Kennzahlen. Sammlung und Analyse von jeweils beobachtbaren „best practises“, um für Einzelaktivitäten eine Latte für die eigene realisierbare Unternehmensverbesserung zu legen.
4. Projekt Prozeßgestaltung	Identifikation und Analyse der Kernprozesse im eigenen Unternehmen in Relation zu den definierten Unternehmenszielen (Hauptprozesse, Nebenprozesse, erforderliche Hilfsprozesse), sowie grundlegende Neugestaltung derselben unter Einsatz zukunftsorientierter Informationstechnologie. Dokumentation derselben unter Beachtung möglichst hoher Flexibilität und Einbezug entsprechender EDV-Unterstützung.
5. Projekt Lieferantenbeziehungen	Reorganisation der Wirtschaftsbeziehungen mit Sublieferanten im Sinne einer langfristigen, als Kooperation angesehenen Auslagerung von Teilleistungen. Übergang von der gegenseitigen Überwachung (Eingangskontrolle) zu einem effizienzsteigernden Wissensaustausch auf Vertrauensbasis. Dies stellt zugleich einen Übergang von konkurrierenden Zielen in Form von gegenseitigem Übervorteilen zu gleichsinnigen Zielen und daraus ableitbaren Synergieeffekten.
6. Projekt KVP-Kultur	Im Sinne der erforderlichen Verhaltensweise ist eine grundlegende Einstellungsänderung zur Qualität – diese ist als Aufgabe und Anliegen aller Mitarbeiter im Unternehmen anzusehen – in die Wege zu leiten. Kulturänderungsprojekte sind langfristig, der Erfolg ist schwer überprüfbar zu machen, da die Quantifizierung nur indirekt erfolgen kann.

Einzelprojekte	Ziele, Inhalt
	Trotzdem ist durch ein abgestimmtes Programm, bestehend aus Aktionen wie das gezielte Vorleben durch Führungskräfte, Auszeichnungsmaßnahmen auch immaterieller Art, internes Marketing, Ausbildung und Informationsmaßnahmen etc, ein qualitätsorientiertes Verhalten der Mitarbeiter anzustreben, das dem Leitsatz des Kontinuierlichen Verbesserungsprozesses (KVP) entspricht: „Verbesserungen sind immer möglich“.
7. Projekt Assessmentsystem und ROQ	Kundenzufriedenheit, Mitarbeiterzufriedenheit, Unternehmenserfolg, Umweltverträglichkeit sind komplexe Meßgrößen, die immer wieder durch Selbstbewertung wie auch Fremdbewertung zu erfassen sind, deren Entwicklung (Trend) zu verfolgen ist und die in ihrer Auswirkung auf das Unternehmensoberziel einer langfristigen Bestandssicherung zu bewerten sind. Letzlich ist das was zählt der Return on Quality (ROQ), d.h. die langfristige Wirtschaftlichkeit aller TQM-Maßnahmen.
8. Projekt Bewerbung um den TEQA	Ein Instrument zur Erreichung obiger Ziele könnte die Bewerbung um einen nationalen oder internationalen Qualitätspreis sein. Erstellung einer Bewerbungsunterlage, Durchführung von Self-Assessments. Teilnahme an der Preisbewerbung, Auswertung des Ergebnisses der Preisbewerbung – Einleitung von weiteren Aktivitäten.

Die Vorgehensweise in den einzelnen Projekten folgt einem phasenorientierten Stufenkonzept. Dadurch kann man immer wieder Entscheidungspunkte einbauen, anhand derer die Erreichung von Teilzielen geprüft und Alternativen für die weitere Vorgehensweise entwickelt und bewertet werden.

Tabelle 5.4 Phasenorientiertes Stufenkonzept für TQM-Projekte

Phasen	Aktivitäten	Ergebnisse
Analyse	Schaffung von Transparenz durch Analyse des IST-Zustandes und Datensammlung	Bild der IST-Situation als Ausgangsbasis für weitere Schritte
Zielbildung	Ziele definieren, Sichtweise top down bekanntmachen, Verständnis erhalten, Vorschläge der Involvierten einholen und einarbeiten	Konkrete Ziele des Projektes, meßbare und sichtbare kritische Erfolgsfaktoren
Konzeption	Meilensteine festlegen (entsprechend der Zielbildung zur Abgrenzung konkreter Phasen) Verantwortungen festlegen	Grober Ablaufplan, Meilensteine, zugehörige Verantwortliche und Teilergebnisse sind festgelegt
Qualifizierung Sensibilisierung	Qualifizierung und Schulung, Verständnis und Akzeptanz schaffen	Notwendige Qualifikation auf breiter Basis hergestellt, Ziele bekannt gemacht und akzeptiert
Entwicklung und Detailplanung	Gemeinsam mit den Betroffenen unter Einbezug der Unternehmensspezifika und in Abstimmung mit der herrschenden Kultur wird das Konzept ausgearbeitet	Zu den Meilensteinen liegen in Form von Konzepten Prozeßdesign sowie notwendige organisatorische und personelle Maßnahmen vor
Umsetzung, Implementierung	Schrittweise Einführung, zugleich Beginn des Lebens der entwickelten TQM-Maßnahmen	Meilensteine bilden Anfangs- und Endpunkte der Teilphasen der Umsetzung
Verifizierung	Hinterfragung der Qualität der entwickelten und gesetzten Maßnahmen	Verifizierungsdokumentation, Verbesserungsvorschläge
Einleitung der Kontinuierlichen Verbesserung, Projektabschluß	Feedback an die Verantwortlichen, Lernchance sicherstellen; Implementierung des Regelkreises KVP	Bericht an die Geschäftsleitung, Katalog weiterer Maßnahmen und möglicher Alternativen TQM ist nie zu Ende!

Die Zeit nach dem TQM-Einführungsprogramm umfaßt das Leben im entwickelten TQM-Gebäude in Bezug auf Organisation, Information und Abläufe, sowie die ständige Verbesserung des gelebten Systems.

6 Verzeichnisse

6.1 Literaturverzeichnis, Literaturhinweise

Akao, Yoji	QFD: Quality Funktion Deployment: Wie die Japaner Kundenwünsche in Qualität umsetzen Landsberg/Lech, Moderne Industrie, 1992
Albrecht, K.	Total Quality Service Düsseldorf, ECON, 1993
Arnold, R.; Bauer, C.	Qualität in Entwicklung und Konstruktion Köln, TÜV-Rheinland, 1992
Beuth	EN ISO 8402 – Qualitätsbegriffe, 1995
Beuth	EN ISO 9004-2, Qualitätsmanagement und Elemente eines QM-Systems Teil 2: Leitfaden für Dienstleistungen, 1992
Beuth	EN ISO 9004-4, Qualitätsmanagement und Elemente eines QM-Systems Teil 4: Leitfaden für Qualitätsverbesserung, 1993
Beuth	ISO 10005, Quality management – Guidelines for quality plans, 1995
Beuth	ISO/DIS 10006, Quality management – Guidelines to quality in project management, 1996
Beuth	EN ISO 10007, Qualitätsmanagement Leitfaden für Konfigurationsmanagement, 1995
Beuth	EN ISO 9004-1, Qualitätsmanagement und Elemente eines QM-Systems Teil 1: Leitfaden, 1994
Beuth	ISO 9000-1, Normen zum Qualitätsmanagement und zur Qualitätssicherung/QM-Darlegung Teil 1: Leitfaden zur Auswahl und Anwendung, 1994
Beuth	ISO 9000-2, Normen zum Qualitätsmanagement und zur Qualitätssicherung/QM-Darlegung Teil 2: Allgemeiner Leitfaden zur Anwendung von ISO 9001, ISO 9002 und ISO 9003, 1994
Beuth	ISO 9000-3, Normen zum Qualitätsmanagement und zur Qualitätssicherung/QM-Darlegung Teil 3: Leitfaden für die Anwendung von ISO 9001 auf die Entwicklung, Lieferung und Wartung von Software, 1993

Beuth	ISO 9000-4, Normen zum Qualitätsmanagement und zur Qualitätssicherung/QM-Darlegung Teil 4: Anleitung zum Management eines Zuverlässigkeitsprogramms, 1994
Beuth	ISO 9001, Qualitätsmanagementsysteme – Modell zur Qualitätssicherung/QM-Darlegung in Design, Entwicklung, Produktion, Montage und Wartung, 1994
Blake, R.; Mouton, S.	Führungsstrategien Landsberg/Lech, Moderne Industrie, 1986
Bösenberg, D.	Lean Management: Vorsprung durch schlanke Konzepte Landsberg/Lech, Moderne Industrie, 1992
Bruhn, M.; Stauss, B. (Hrsg.)	Dienstleistungsqualität, Konzepte – Methoden – Erfahrungen Wiesbaden, Gabler, 1995
Brunner, F.J.	Wirtschaftlichkeit industrieller Zuverlässigkeitssicherung Braunschweig, Vieweg, 1991
Burckhardt, W.	Benchmarking in VDI – Bericht 1014, Schlanke und effektive Unternehmung, Düsseldorf, VDI-Verlag, 1992
Camp, R.C.	Benchmarking München, Hanser, 1994
Capra, F.	Wendezeit, Bern, Scherz, 1989
Cleeland, D. I.; King, W. R.	Project management handbook, New York, Van Nostrand Reinhold, 1988
Crosby, P.B.	Qualität 2000, kundennah, teamorientiert, umfassend München, Hanser, 1994
Crosby, P.B.	Quality is free, the art of making quality certain, New York, McGraw-Hill, 1979
Daenzer, W.F.; Huber, F. (Hrsg.)	Systems Engineering, Methodik und Praxis, Zürich, Industrielle, Organisation, 1994
Deming, W. E.	Out of the crises, Cambridge, MIT, 1986
Diezel/Seitschek (Hrsg.)	Schlüsselfaktor Qualität – Total Quality Management erfolgreich einführen und praktizieren Wien, Manz, 1993
EFQM	12 fresh views on TQM – a selection of research projects entered for the 1994 European Quality Award for Theses on Total Quality Management, Brüssel, EFQM, 1995
EFQM	Der European Quality Award, Brüssel, EFQM, 1996

EFQM — Selbstbewertung – Richtlinien, Brüssel, EFQM, 1996

EOQ — Self-Assessment and Benchmarking – The key to strategic Improvement planning (Third EOQ Forum on TQM Developement) Wien, EOQ, 1996

Eschenbach, R. (Hrsg.) — Controlling, Stuttgart, Schäffer Poeschel, 1995

EU-Kommission — Verordnung (EWG) Nr. 1839/93 des Rates vom 29. Juni (EMAS-Verordnung), Brüssel, Amtsblatt der EU, 1993

Feigenbaum, A.V. — Total quality control; New York, McGraw Hill, 1991,

Frehr, H.U. — TQM, Unternehmensweite Qualitätsverbesserung München, Hanser, 1993

Gareis, R. (Hrsg.) — Projekte und Qualität, Wien, Service Fachverlag, 1993

Gareis, R. — Projektmanagement im Maschinen- und Anlagenbau, Wien, MANZ, 1991

Gomez, P. — Vernetztes Denken, Frankfurt/Main, Campus, 1991

GPM, RKW — Projektmanagement Fachmann: Ein Fach- und Lehrbuch sowie Nachschlagewerk aus der Praxis für die Praxis Eschborn, RKW-Verlag, 1991

Grossmann, Ch. — Komplexitätsbewältigung im Management, Winterthur, GCN, 1992

Haist, F.; Fromm, H. — Qualität im Unternehmen, Prinzipien – Methoden – Techniken München, Hanser, 1991

Hammer, M.; Champy, J. — Business Reengineering – Die Radikalkur für das Unternehmen, Frankfurt/Main, Campus, 1994

Hammer, R. M. — Unternehmensplanung: Lehrbuch der Planung und strategischen Unternehmensführung Wien, Oldenbourg, 1992

Heintel, P. — Projektmanagement: eine Antwort auf die Hierarchiekrise? Wiesbaden, Gabler, 1990

Hinterhuber, H.H. — Strategische Unternehmensführung, 1. Strategisches Denken, Berlin, De Gruyter, 1992

Hinterhuber, H.H. — Strategische Unternehmensführung, 2. Strategisches Handeln, Berlin, De Gruyter, 1992

Imai, M. — Kaizen – Der Schlüssel zum Erfolg der Japaner im Wettbewerb, München, Langen Müller Herbig, 1992

Ishikawa, K. — Introduction to Quality Control, London, Chapman & Hall, 1990

Juran, J.M.	Der neue Juran – Qualität von Anfang an, Landsberg/Lech, Moderne Industrie, 1993
Kalke, P.	Qualitätsmanagement in Leist, R. (Hrsg.); Qualitätsmanagement, Augsburg, WEKA, 1995
Kaminske, G. F.	Qualitätsmanagement von A bis Z Wien, Hanser, 1993
Kaminske, G. F. (Hrsg.)	Die hohe Schule des Total Quality Management, Berlin, Springer, 1994
Kerzner, H.	Project Management – A Systems Apporach to Planning, Scheduling, and Controlling New York, Van Nostrand Reinhold, 1989
Kirstein, H.	Der Einfluß Demings auf die Entwicklung des Total Quality Management (TQM), München, Hanser, 1994
Königswieser, R.; Lutz, Ch. (Hrsg.)	Das Systemisch Evolutionäre Management, Wien, ORAC, 1990
Krickel, O. (Hrsg.)	Geschäftsprozeßmanagement – Prozeßorientierte Organisationsgestaltung und Informationstechnologie Heidelberg, Physica, 1994
Kunesch, H.	Grundlagen des Prozeßmanagements Wien, Ueberreuter, 1993
Leist, R. (Hrsg.)	Qualitätsmanagement, Augsburg, WEKA 1995
Maddaus, B.	Handbuch Projektmanagement: mit Handlungsanleitungen für Industriebetriebe, Unternehmensberater und Behörden Stuttgart, Schäffer Poeschel, 1991
Markfort, D.	Quality Function Deployment (QFD) in Leist, R. (Hrsg.); Qualitätsmanagement, Augsburg, WEKA, 1995
McKinsey & Company	Einfach überlegen: Das Unternehmenskonzept, das die Schlanken schlank und die Schnellen schneller macht Stuttgart, Schäffer Poeschel, 1993
Mehrmann, E.	Effizientes Projektmanagement, Düsseldorf, ECON, 1992
Murphy, J.A.	Dienstleistungsqualität, München, 1994
Oetinger, B. v. (Hrsg.)	Das Boston Consulting Strategie-Buch, Düsseldorf, ECON, 1993
Öss, A.	Total Quality Management: Die ganzheitliche Qualitätsstrategie Wiesbaden, Gabler, 1993
Patzak, G.; Walder, F.P.	Projektmanagement, TU-Wien, Eigenverlag-Vorlesungsskriptum, 1994

Patzak, G. Systemtechnik – Planung komplexer innovativer Systeme Berlin, Springer, 1982

Patzak, G.; Rattay, G. Projekt Management -Leitfaden zum Management von Projekten, Projektportfolios und projektorientierten Unternehmen Wien, Linde, 1996

Pfeifer, T. Qualitätsmanagement – Strategien, Methoden, Techniken, München, Hanser, 1993

Pfeiffer, W. Lean Management – Grundlagen der Führung und Organisation industrieller Unternehmen, Berlin, Schmidt 1992

Probst, B.; Gilbert, J. (Hrsg.) Qualitätsmanagement – ein Erfolgspotential Bern, Haupt, 1983

Reibnitz, U.v. Szenario-Technik: Instrumente für die unternehmerische und persönliche Erfolgsplanung, Wiesbaden, Gabler, 1992

Reschke, H.; Schelle, H.; Schnopp, R. (Hrsg.) Handbuch Projektmanagement Köln, TÜV-Rheinland, 1989

Rückle, H. Coaching, Düsseldorf, ECON, 1992

Schierenbeck, H. Betriebswirtschaftslehre, München, Oldenbourg, 1993

Schulz v. Thun F. Miteinander Reden Teil 1, Störungen und Klärungen Hamburg, Rowohlt, 1992

Schulz v. Thun F. Miteinander Reden Teil 2, Stile, Werte und Persönlichkeitsentwicklung Hamburg, Rowohlt, 1992

Seghezzi, H.D.; Hansen, J.R. (Hrsg.) Qualitätsstrategien – Anforderungen an das Management der Zukunft, München, Hanser, 1993

Semler, R. Das Semco-System, Management ohne Manager München, Heyne, 1993

Sohn, K. H. Lean Management – Die Antwort der Unternehmer auf gesellschaftliche Herausforderungen, Düsseldorf, ECON, 1993

Sondermann, J.-P. Poka-yoke Prinzipien und Techniken für eine Null-Fehler-Produktion in Leist, R., (Hrsg.); Qualitätsmanagement, Augsburg, WEKA, 1995

SQS/ÖQS Bericht des AAT-Auditorentagung ÖQS/SQS, 18./19. Mai 1995, Beilage 2

Staehle, W. Management, München, Vahlen, 1987

Taguchi, G.	Introduction to Quality Engineering, White Plains, 1986
TI Europe	TI Europe Application for the European Quality Award 1995 Brüssel, EFQM, 1995
Töpfer, A.	Total quality management: Anforderungen und Umsetzung im Unternehmen, Neuwied, Luchterhand, 1994
Turnheim, G.	Sanierungsstrategien, Wien, Manz, 1988
Turnheim, G.	Chaos und Management, Wien, Manz, 1991
Vester, F.	Unsere Welt – ein vernetztes System München, dtv, 1986
Warnecke, H.-J.	Revolution der Unternehmenskultur – Das fraktale Unternehmen, Berlin, Springer, 1993
Wermter, M.	Strategisches Projektmanagement – der Weg zum Markterfolg Zürich, Orell Füssli, 1992
Westkämpfer, E. (Hrsg.)	Integrationspfad Qualität, Berlin, Springer, 1991
Wildemann, H.	Lean Management – Strategien zur Erreichung wettbewerbsfähiger Unternehmen, Frankfurt/Main, FAZ, 1993
Wöhe, G.	Einführung in die allgemeine Betriebswirtschaftslehre München, Vahlen, 1986
Womack, J.P.; Jones, D.T.; Roos, D.	Die zweite Revolution in der Autoindustrie, (MIT-Studie), Frankfurt/Main, Campus, 1992
Zäpfel, G.	Strategisches Produktionsmanagement, Berlin; De Gruyter, 1989
Zink, K.	Qualität als Managementaufgabe – Total Quality Management Landsberg/Lech, Moderne Industrie, 1992

Sachwortverzeichnis

K

L

M

N

O

P